科普第一书 地球与资源大观

KE PU DI YI SHU DI QIU YU ZI YUAN DA GUAN

科普第一书 地球与资源大观
KE PU DI YI SHU DI QIU YU ZI YUAN DA GUAN

地球生物的明天

生物进化

徐帮学◎主编

吉林人民出版社

图书在版编目（CIP）数据

地球生物的明天——生物进化 / 徐帮学主编. —长春：吉林人民出版社，2014.7
（科普第一书）
ISBN 978-7-206-10845-7

Ⅰ.①地…

Ⅱ.①徐…

Ⅲ.①生物—进化—普及读物

Ⅳ.①Q11-49

中国版本图书馆CIP数据核字（2014）第158850号

地球生物的明天——生物进化

主　　编：徐帮学

责任编辑：孟　奇　王　丹　　　　封面设计：三合设计公社

咨询电话：0431-85378033

吉林人民出版社出版 发行（长春市人民大街7548号　邮政编码：130022）

印　刷：北京中振源印务有限公司

开　本：710mm×960mm　　　　　1/16

印　张：10　　　　　　　　　字　数：220千字

标准书号：ISBN 978-7-206-10845-7

版　次：2014年7月第1版　　　　印　次：2016年7月第2次印刷

印　数：1-8 000册　　　　　　　定　价：29.80元

如发现印装质量问题，影响阅读，请与出版社联系调换。

前　言

　　科学技术是第一生产力。放眼古今中外，人类社会的每一次进步，都伴随着科学技术的进步。尤其是现代科技的突飞猛进，为社会生产力发展和人类的文明开辟了更为广阔的空间，有力地推动了经济和社会的发展。

　　科学技术作为人类文明的标志。它的普及，不但为人类提供了广播、电视、电影、录像、网络等传播思想文化的新手段，而且使精神文明建设有了新的载体。同时，它对于丰富人们的精神生活，更新人们的思想观念，破除迷信等具有重要意义。

　　而青少年作为祖国未来的主人，现在正处于最具可塑性的时期，因此，让青少年朋友们在这一时期了解一些成长中必备的科学知识和原理更是十分必要的，这关乎他们今后的健康成长。本丛书编写的宗旨就在于：让青少年学生在成长中学科学、懂科学、用科学，激发青少年的求知欲，破解在成长中遇到的种种难题，让青少年尽早接触到一些必需的自然科学知识、经济知识、心理学知识等诸多方面。为他们提供人生导航，科学指点等，让他们在轻松阅读中叩开绚烂人生的大门，对于培养青少年的探索钻研精神必将有很大的帮助。

　　现在，科学技术已经渗透在生活中的每个领域，从衣食住行，到军事航天。现代科学技术的进步和普及，对于丰富人们的精神生活，更新人们的思想观念，破除迷信等具有重要意义。世界本来就是充满了未知的，而好奇心正是推动世界前进的重要力量之一。因为有许多个究竟，所以这个世界很美丽。生动有趣和充满挑战探索的问题可以提高我们的创新思维和探索精神，激发我们的潜能和学习兴趣，让我们在成长的路上一往直前！

全套书的作者队伍庞大，从而保证了本丛书的科学性、严谨性、权威性。本书融技术性、知识性和趣味性于一体，向广大读者展示了一个丰富多彩的科普天地。使读者全面、系统、及时、准确地了解世界的现状及未来发展。总之，本书用一种通俗易懂的语言，来解释种种科学现象和理论的知识，从而达到普及科学知识的目的。阅读本书不但可以拓宽视野、启迪心智、树立志向，而且对青少年健康成长起到积极向上的引导作用。愿我们携起手来，一起朝着明天，出发！

目录

C o n t e n t s
地球生物的明天：生物进化

目
录

第一章　生命的起源

　　生命何时、何处，特别是怎样起源的问题，是现代自然科学尚未完全解决的重大问题，是人们关注和争论的焦点。历史上对这个问题也存在着多种臆测和假说，并有很多争议。随着认识的不断深入和各种不同的证据的发现，人们对生命起源的问题有了更深入的研究。

第一节 生物从何而来

达尔文以前的进化论

达尔文以前的进化学说主要有邦尼特的灾变论，拉马克的获得性遗传假说，居维叶的大灾变论以及布丰的"地球论"。

年轻的博物学家邦尼特，在 1740 年发现蚜虫和木虱能不经过受精就生育成活后代。这种蚜虫不受精而生育幼蚜虫的发现，使他认为每一物种的雌性本身都含有这个物种未来一代的雏形。也就是说，物种永远是固定的，因为一切未来的动物早已在胚种里就存在了。

正是由于生物本身存在未来后代的胚种，以及他观察到的动物化石骸骨，邦尼特认为，世界处于周期性的大灾难中，而最后一次大灾难便是《圣经》上所说的摩西的洪水。每一次灾变，都

蚜虫

造成了所有生物躯体的毁灭，但是它们未来后代的胚种却继续存在，在灾变过去后复苏起来。而且，新的变活了的物种比灾变前物种在生物阶梯上都要高等一点，在等级上升了一级。他依据自己的理论像占卜师一样对未来进行预测，他认为世界将要发生另一次灾变，经过这一次灾变，石头将具有生命，植物将会走动，动物将发展成具有理性能力，而人则将变成天使。但这次灾变到现在为止还没有发生，人也没有变成天使！

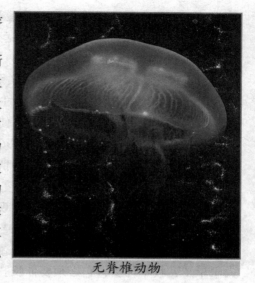

无脊椎动物

你知道吗？

摩西的洪水

圣经《创世纪》第六章中有一段脍炙人口的故事，说的是摩西洪水和诺亚方舟。人犯下了神不能容忍的罪孽，上帝发怒了，在普天之下掀起了大洪水，要毁灭地球上的一切生命，创造一个新的世界。可是发难之前上帝发了慈悲，告知诺亚灭顶之灾就要来临，于是诺亚造了一艘"方舟"。摩西洪水滚滚而来，席卷人间一切生命，然而诺亚及其一家得救了，于是地球上才有了今日的芸芸众生。

法国生物学家拉马克是巴黎皇家植物园的植物学家，后来担任植物园无脊椎动物的研究工作。虽然这时拉马克已经 50 岁了，但他还是服从"组织安排"，从研究植物过渡到研究低等动物。不过他在这个被人忽视的领域里进展很快，建立了新的动物分类体系，他的分类成了现代生物分类的基础。

拉马克在研究低等无脊椎动物的同时，提出了获得性遗传的遗传理论和进化理论。他是在生物学史上第一个向神造万物的传统观念冲击的科学家，在那个时代仅能做到这样一点就是惊人的成就。他的获得性遗

第一章 生命的起源

传学的主要观点是：动物器官的构造和机能可以因为环境引起的变化而传给后代，即"用进废退"。拉马克有句名言："不是器官创造动作，而是动作创造器官。"

由于进化论与遗传学总是密切联系在一起的，因此拉马克在1809年就提出了一个器官的用进废退和获得性遗传说来解释他的进化论。他认为，凡是生物经常使用的器官就发达，不使用的就会退化，以致最后消失。还认为凡是动物长久地居住在一定的环境里，某一器官获得更多的使用，或某一器官经常不用而导致"废退"的情况下，只要所获得的变异是动物两性（雌雄性）所共有的，那么这一切变异就通过繁殖而遗传给下一代。运用这两个假说，拉马克能解释一系列现象。例如，当时长颈鹿刚从非洲运到欧洲，大家对这种奇形怪状的动物感到稀奇，认为这是上帝特地"创造"出来给人们欣赏的。拉马克则认为长颈鹿之所以脖子特别长，是因为非洲太干旱了，牧草稀少，它必须要伸长脖子才能摘取更多的树叶充饥。这种习惯动作，代代都在延续，经过一定时间后，长颈和前肢高于后肢等获得性状就遗传下来了，成为大家看到的长颈鹿了。

长颈鹿

犀牛

拉马克认为，生物体因环境的影响而获得的特征有两类。第一类是由于环境的直接作用而产生的残缺以及类似残缺的情况，这当然是不能遗传的，例如断臂和断手。第二类是由环境引起的动物习惯上的变化，特别是器官的较多或较少的使用，这是能够遗传的，并且能够导致物种的永久性变化，例如长颈鹿的长颈和鼹鼠使用眼睛能力的消失。

拉马克还认为动物进化主要有两条进化路线：一条路线从单细胞原生物导向具有辐射状对称的动物，如水母；另一条路线从单细胞原生物导向具有左右两侧对称的动物，这种左右对称的动物从蠕虫开始分支，一方面变成昆虫、蜘蛛和甲壳类，另一方面变成环虫、蔓足动物和软体动物。由此，他认为脊椎动物是从软体动物分出来的，鸟类和两栖类动物是由爬虫分出来的，而哺乳类动物则由两栖类发展而来。当然，把人的祖先和蜗牛联系起来，实在令人心里不舒服。

居维叶继承和发展了邦尼特的灾变论。居维叶原来只是在诺曼底当家庭教师，但他对海洋生物具有浓厚的兴趣，并最终通过自己的努力获得巴黎皇家植物园的比较解剖学家的职位。他提出了自己的"大灾变"理论。居维叶把已经得知的生物进化现象解释为地球历史多次灾变的产物，从而把造物主引入生物学中，使神仙成为自然的根本原动力，认为每一物种都是由其自身特殊的目的而被创造出来的。他推测："巨大灾变来临的时期，一切动物群死亡了，新种又在那里出现而代替了它。"

居维叶认为，在西伯利亚冻土中发现古象和犀牛所保存下来的尸体实际上是现代热带象和犀牛的近亲，所以在灾变之前西伯利亚也是热带气候。

由于突然的灾变，西伯利亚变得巨冷，动物都一下子死光了，以至于被寒冷所袭击的动物的尸体直到现在仍在冻结状态中，保留下来。居维叶还提出，随着时间的推移，大灾难的次数越来越多了，绝种物种也越来越多了，新物种的创造也是越来越多了。为了证明他的观点，他的学生居然煞有介事地提出，历史上有过27次大灾难和创造。

你知道吗？

西伯利亚冻土中的古象

西伯利亚的猎人在冻土层中发现了一具史前猛犸象的尸体，令人惊讶的是，由于冰冻的气候使得这头猛犸象尸体保存较为完整。科学家已经获得了这头迄今超过一万年的年轻猛犸象，眼睛、大脚垫、甚至是内脏器官都完好无损。从猛犸象生长角度看，这只仅能算是处于婴儿时期的猛犸象，它的伤口可能由狮子或者史前人类所致。发现保存完整的猛犸象对古生物学家而言具有重大意义。

法国的另外一个学者布丰初步地提出了进化论的思想，他的思想被称为"地球论"。"地球论"的思想是：地球和其他行星原来是离开了太阳的熔化的星体，地球的地层是逐渐形成的，所以，地球存在的最初时期，其上面就不可能有生命。而当地球上有了生物的时候，生活条件的改变就必须反映在有机体的结构上。

为了证明他的观点，布丰在比较旧大陆和美洲大陆动物的区系时指出，东半球的大多数动物可以在西半球的大陆上找到相当于它们的类型；美洲的动物比旧大陆的动物小。这是由于地区隔离后，在长时期受到的所有各种影响造成的。所以他认为，结构上相近的种可能起源于共同祖先。布丰在论述动植物的比较之后，相信在动植物之间也没有显著的分界线。

 达尔文的进化论

达尔文在1859年发表了他的伟大著作：《论通过自然选择或生存斗争中保存良种的物种起源》。这个名字太长了，所以人们通常将其简称为《物种起源》。在这部著作中他系统阐述了生物进化的观点，概括起来就是"物竞天择，适者生存"。

自然选择学说在达尔文的进化论中是主要的组成部分。自然选择一些和淘汰另一些有机体，这是通过盲目的自然力所实现的。这就是达尔文所说的适者生存。

你知道吗？

达尔文的成就

达尔文本人认为"他一生中主要的乐趣和唯一的事业"是他的科学著作，还有一些在旅行中直接考察得到的最重要的科学成果，如：达尔文本人所写的著名的《考察日记》和《贝格尔号地质学》、《贝格尔号的动物学》等。在他的著作中，具有特别重大历史意义的是《物种起源》，表明达尔文的进化论思想和自然选择理论的逐步发展过程。《物种起源》标志着19世纪绝大多数有学问的人对生物界和人类在生物界中的地位的看法发生了深刻的变化。

达尔文对马德拉岛的昆虫做了研究。该岛位于大西洋，时常遭受大风。他注意到，在该岛上居住的几百种甲虫里面，有两种甲虫的翅膀弱到不能飞翔的程度。这怎么解释呢？显然，千百个世代以来，"枪打出头鸟"，善飞的昆虫都被风吹到海里去了，而能存留下后代的，只有那些翅膀发育很弱的那些类型，并由于它们的存留，才产生了现在该岛上的甲虫群。关于适者生存，在猛兽和它们所捕食的牺牲品之间表现得更为显著。

昆虫

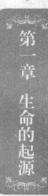

第一章 生命的起源

现代进化论

现代生物进化理论的基本观点是：生物进化的基本单位是种群，进化的实质是种群基因频率的改变。物种形成的三个基本环节分别是突变和基因重组、自然选择及隔离。下面来进行具体的阐述：

1. 生物进化的单位——种群

种群是生物生存和生物进化的基本单位，任何个体都不能长期独立生存的。一个个体不能完成进化，自然选择决定了生物进化的进行，个体并不是自然选择的对象，其对象是一个群体。

动物群体

2. 生物进化的方向由自然选择决定

发生在种群中的变异是不定向的，长期的自然选择不断淘汰其中的不利变异，而有利变异慢慢累积，种群的基因频率因而发生定向的改变，生物就是这样发生缓慢进化，且朝一个方向进行。

导致基因频率发生改变主要有三个因素，分别是选择、遗传漂变和迁移。

3. 隔离是物种形成的必要条件

（1）什么是物种

物种是指在自然状态下能够相互交配和繁殖，能够繁衍出可育后代的一群生物个体。它们通常分布在一定的自然区域，具有一定的形态结构和生理功能。

（2）隔离对物种形成的作用

隔离是将一个种群分隔成许多个小种群的常见方式。隔离使不同种群无法交配，使各小种群朝着不同方向发展，这样就可能形成新的物种。隔离一般分为地理隔离和生殖隔离。

（3）物种的形成

物种形成的形式通常多样化，在长期的地理隔离作用下而形成生殖隔离是比较常见的方式，生殖隔离形成后，一个物种演化为两个不能相互交配的两个物种。但是，这一过程非常缓慢。

生殖隔离通常存在于不同物种间，生殖隔离时期物种形成的必经期。而地理隔离却不是，在同一自然区域 A 物种进化为 B 物种就不需要经过地理隔离。但如果在地理隔离基础上，经选择能使生殖隔离加速进行，因而物种形成常见的两种方式就是通过地理隔离、生殖隔离来形成新物种。

4. 遗传对于生殖发育和种族进化的作用

在生物个体发育中，遗传能使子代类似于亲代，帮助物种保持相对稳定。在种族进化过程中，遗传所起到的作用是在不断的自然选择过程中，使生物的微小变异累积成明显的有种变异，使得生物新类型或新物种产生。

第一节 DNA 的自白

进化前沿：基因

基因是由英语 gene 音译而来，一个生物物种的所有生命现象都是由基因这一最"基本因子"决定的，gene 的翻译不仅音顺，意思也恰当，可以说这一翻译非常精彩！

"基因"概念词最早由现代遗传学之父孟德尔 1865 年在描述豌豆实验遗传规律时提出，他当时使用的是"遗传因子"一词，

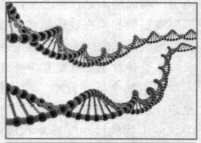

DNA 的双螺旋分子结构

其实就是"基因"。之后丹麦植物学家威·约翰逊在 1909 年最早将其改称为"基因"。他给"基因"下了定义，"基因是用来表示任何一种生物中控制任何性状及其遗传规律又符合孟德尔定律的遗传因子。"可以通俗说，基因控制着生物的性状，如其高矮、花色、子粒大小等。

其实，"基因"在遗传学发展的早期阶段仅是一个逻辑推理的概念。20 世纪 30 年代，基因是线性排列在染色体上这一理论已经得到了证实，染色体是基因的载体也被确定了。分子遗传学不断发展，DNA 的双螺旋分子结构在 1953 年由沃森和克里克

提出，他们还科学地解释了遗传过程，此后基因是 DNA 的片段才得到普遍认同，那么基因是有着物质内容的，不只是一种逻辑概念。

 ## 进化之源：基因突变

广义上，基因突变指作为遗传信息携带者的基因发生的各种变化。基因突变在狭义上可包含由碱基改变引起的所有发生在基因 DNA 序列中并能够经复制而遗传的任何持续性改变。基因突变是指在基因结构上发生 DNA 碱基对的置换、增添或缺失的变化。

按照 DNA 序列的改变，基因突变能分为点突变（碱基代替、插入和缺失）和多点突变。按照基因结构的改变方式，可分为碱基置换突变和移码突变。按照对遗传信息的改变，可分为同义突变、错义突变、无义突变。

基因突变有着随机性、低频性和可逆性等共同特征，不论是发生在真核生物还是原核生物中的任何类型的突变，都具有这些特征。

基因突变有利有弊。基因突变是生物变异的主要原因，是生物进化的主要因素。在生产上人工诱变是产生新品种的重要方法。基因突变也是生物性状可能发生改变的内在原因，是生物性状不能保持稳定的重要因素。人类许多疾病的产生与基因突变有关。人类基因组计划测序工作完成后，基因突变的研究将是理论走向实用的重要一步。

基因突变生物

遗传密码

遗传密码又称密码子、遗传密码子、三联体密码。遗传密码是一组规则，将 DNA 或 RNA 序列以三个核苷酸为一组的密码子转译为蛋白质的氨基酸序列，以用于蛋白质合成。它决定肽链上每一个氨基酸和各氨基酸的合成顺序，以及蛋白质合成的起始、延伸和终止。几乎所有的生物都使用同样的遗传密码，称为标准遗传密码，即使是非细胞结构的病毒，它们也是使用标准遗传密码，但是也有少数生物使用一些稍微不同的遗传密码。

 ## 进化催化剂：基因重组

基因突变是进化的源泉，基因重组同时又促进物种的进化，它帮助基因在突变过程中用最快的方式在物种种群中进行传播。动物一代代传递，倘若没有基因重组而只是遗传，子代和亲代就会完全一样，不会产生变异。因为基因重组在生物进化中的作用并不会少于基因突变，基因重组的形式有多种。这一节，我们就来了解基因重组——生物界这一关键的机制。

动物界的基因重组可分为两种：一种是两个基因分别在两条染色体上的重组，亲代形成配子的时候，同源染色体分离，非同源染色体自由组合，因而发生两条染色体的重组；另一种是在同一条染色体上的重组，这是在减数分裂联会期，同源染色体上的姊妹染色单体通过交换形成重组配子的一种基因重组。

广义上的基因重组包括任何造成基因型变化的基因交流过程。而在狭义上，基因重组仅指涉及 DNA 分子内从断裂到复合的反复过程中的基因交流。动物在减数分裂时，非同源染色体的自由组合从而形成不同的配子，雌雄配子结合产生基因型不同的后代，这种重组过程虽然也使基因型发生变化，DNA 分子内的断裂碳复合并不会在这一过程中发生，因此狭义的基因重组不包括这一类型的重组。

由于基因重组是随机的重组，所以物种内部的一些有利基因与有害基因也是自由组合的。有害基因与有利基因是相对而言的，在19世纪中叶，桦尺蛾的白色基因是有利基因，到了19世纪末的时候，白色基因就变成有害基因了，而黑色基因则变成了有利基因。正是由于基因在种群内的随机分布，才使得每一种突变基因不至于丢失，在环境改变时，物种拥有更好的适应能力，使种群能够延续。

认识到基因重组的作用后，人们发明了基因重组技术，即将两个完全不同的物种的细胞进行融合，让它们的细胞核也融合，它们的染色体重组，形成一个全新的物种，这就是细胞融合技术。目前细胞融合重组DNA还只能在植物和原核生物上面成功，在真核高等动物上还是有一些技术上的问题，但这项技术的前景确实非常广阔。例如，白菜甘蓝，1981年和1990年分别有人利用白菜和甘蓝进行杂交重组，形成新物种白菜甘蓝。

今天我们用的抗体疫苗，还有经常听到的转基因食品，都跟基因重组有关，这些都是利用转基因技术，将一些有利的基因转移到宿主细胞内，与宿主细胞内的DNA发生重组，得到具有一定功能的新的细胞或个体。例如，将人的某些基因转到牛的体内，牛长大后产的牛奶中会含有某些基因药物，经过提取后，可供人类治疗疾病。在猪的体内转入人的生长素基因，猪的生长速度会增加一倍，且肉质大大提高。但这些转基因食品也受到了广泛的批评，因为可能出现危害人类健康的问题。

 ## 种群财富：基因库

基因记录着动物的遗传信息，那么这一节将讲到基因库。顾名思义，它是一个群体基因的集合。对于动物来说，基因库具有重要的意义，因为任何一种动物都不能离开它的群体而独自生存。

1. 什么是基因库

基因库，是一个种群中所有个体的基因型的集合。首先，在一定的地域内，一个物种的全部成员就是一个种群，这个种群中每个个体都有一套这个种群基因，而且由于生殖隔离，这些基因只能在种内交流。也就是说，不同物种之间不能进行交配。对二倍体生物来说，有 n 个个体的一个群体

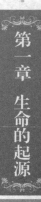

地球生物的明天：：生物进化

的基因库由 2n 个单倍体基因组所组成。因此，在一个有 n 个个体的群体基因库中，对每个基因座来说，各有 2n 个基因，共有 n 对同源染色体。例外的是性染色体和性连锁基因，它们在异型配子的个体中只有单份剂量存在。

2. 基因库的特点

我们知道，生物的表现型是可以直接观察的，但基因型和基因无法直接观察，基因库中的变异是以基因频率的形式表现出来的（注：基因频率是某种基因在整个种群中出现的比例）。如果我们知道特定基因型及其相应的表型之间的关系，就能将表型的频率转换成基因型的频率。我们以 MN 血型为例，

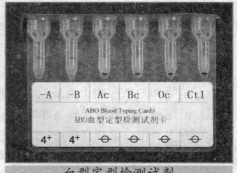

血型定型检测试剂

MN 血型有三种：M、N 和 MN，这是由一个基因座上的两个等位基因 LM 和 LN 所决定的。在我国北方汉族人群中抽取 9274 人的 MN 血型，2235 人为 M 型，4460 人为 MN 型，2579 人为 N 血型。将每种血型的人数除以总人数得到的是血型及其相应的基因型的频率，由此可以用来描述血型 M—N 基因座上的变异。由于这 9274 人是随机采集的样本，一个随机样本是一个群体的、有代表性的、无偏向的样本，所以可将观察到的频率看作这个群体的特性。

你知道吗？

血型

血型是对血液分类的方法，通常是指红细胞的分型，其依据是红细胞表面是否存在某些可遗传的抗原物质。已经发现并为国际输血协会承认的血型系统有 30 种。血型一般常分 A、B、AB 和 O 四种，另外还有 Rh 阴性血型、MNSSU 血型、P 型血、和 D 缺失型血等极为稀少的 10 余种血型系统。其中，AB 型可以接受任何血型的血液输入，因此被称作万能受血者，O 型可以输出给任何血型的人体内，因此被称作万能输血者、异能血者。

3. 等位基因

基因库中存在着很多等位基因。等位基因是在一对同源染色体的同一位置上控制某一性状的不同形态的基因。不同的等位基因产生一些遗传特征的变化，例如发色或血型等。等位基因可被靠等位基因控制相对性状的显隐性关系及遗传效应分为不同的类别。在个体中，等位基因的显性形式可以比隐性形式表达得更多。

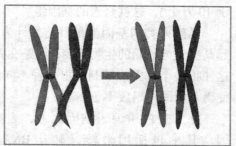

同源染色体

庞大的基因库，就是由一对对的等位基因组合构成，这些等位基因控制着个体的各种不同的性状，二倍体染色体是等位基因的基础，现在大多数真核生物的体细胞都是二倍体，细胞内的染色体以成对形式存在，称为同源染色体，同源染色体上相同位置上的基因就是一对等位基因。一个具有一对不同的等位基因的二倍生物体通常被称为杂合子，反之就是纯合子。如果杂合子的一对等位基因中能表达出性状的只有一个，那么这一个称为显性基因，不表现出形状的另一个就称为隐性基因。若一对等位基因都能表达形状，就称为共显性。

 ## 生命奥秘：基因组

基因组是一个物种中所有基因的集合。人体生命诞生于父亲精子与母亲卵子结合的瞬间，受精卵包括了一个人所有基因的完整基因组。父亲精子中 23 条染色体与母亲卵子里的 23 条染色体，组成了我们个体所有细胞的完整的基因组。从受精卵开始，我们有了双倍的即 23 对染色体（其中一对为性染色体 XX 或 XY）。除了生殖细胞外，每个人细胞的细胞核内都有 23 对，即 46 条染色体。在 46 条染色体中，原来估计有 10 万个基因，最新研究

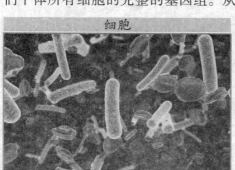

细胞

表明，数量在 2 万 ~ 2.5 万个 (这是主流观点，也有个别认为数量还是大于 10 万个)，这就是人的基因组。

虽然人类的基因数量目前估计为 2 万 ~ 2.5 万个蛋白质编码基因，比起某些较为原始的生物更少，但是在人类细胞中使用了大量的选择性剪接，这使得一个基因能够制造出多种不同的蛋白质。也就是说，长期的进化，使得基因的编码效率更高了。

除了蛋白质编码基因之外，人类的基因组还包含了数千个 RNA 基因，其中包括用来转录转运 RNA(tRNA)、核糖体 RNA(rRNA) 与信使 RNA(mRNA) 的基因。其中转录 rRNA 的基因称为 rDNA，分布在许多不同的染色体上。

基因，或者基因组能不能看到？借助于光学显微镜，我们可以看到人的细胞。使用电子显微镜，也只能看到细胞核内像一股绳子那样结构的染色体。而位于染色体内的 DNA 分子是观察不到的，当然作为 DNA 片段的基因就更看不到了。就连对 DNA 双螺旋结构做出贡献的威尔金斯也只拍摄到 DNA 分子的 X 衍射照片。由于染色体很小，描述它的大小时，要用到一个长度单位——微米。1 微米是多长呢？只有千分之一毫米。也就是说，若把你手中三角板的最小刻度分成1000等份，每一份就是 1 微米。人的染色体直径一般在 0.2 ~ 2 微米，最长的也就 10 微米。一条染色体

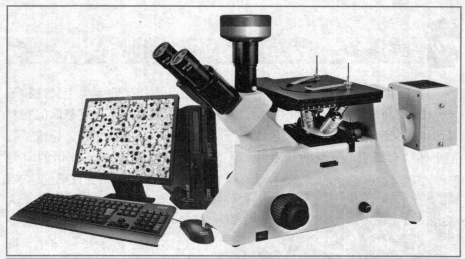

电子显微镜

内只有一个分子，由于染色体内的 DNA 分子呈螺旋状紧密排列，尽管染色体长度很小，染色体内 DNA 分子长度却很大。所有 46 条染色体内 46 个 DNA 分子，如果拉长连接起来，长度可达 2 米左右，这与最长的染色体只有 10 微米比较起来要相差若干个数量级。如果人体内所有 DNA 分子长度加起来，可达 1600 亿千米，这个长度可以往返地球和太阳 600 多个来回。

在人类基因组中所有基因都有一定的位置，都有各自的结构与功能，基因之间也可以相互影响。人类生命的一切奥妙都蕴藏在人类基因组中。

第一章 生命的起源

第三节 千年之后的样子

 未来的人类

未来的人类会是什么模样？有两种最具代表性的答案，一种就是早期科幻小说里描绘的未来人的形象，脑部巨大、前额突出、智商极高；另一种就是与今天人类身体外形基本相同的形象，因为所谓的自然的"物竟天择"已经被人类的科学技术终止了，人类的进化只是一种理论上的学术讨论。

科幻小说中描述未来人将有特大脑袋，其实是没有科学根据的。从过去几十万年来人类头骨化石的尺寸大小变化来看，人类大脑容量不会再迅速增加。大多数科学家几年前基本认为人类已经停止了身体上的进化。而近年来，科学家利用DNA技术探查了古代与现代人类的基因组，进化研究的一场新革命由此掀起。他们认为，现代"智人"（现代人的学名）这一物种产生之后，某些重

未来人类的脑部巨大

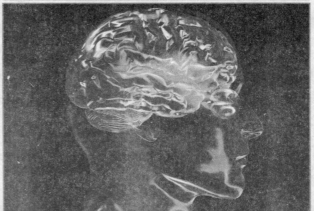

大的遗传转变一直存在于人类之中。现在人类的进化与以前的区别在于，进化速度比以前提高了很多。这可是有关人类进化截然不同的观点。

人类在出现的最初阶段，也和其他生物一样经历了最为重大的身体外形上的变化。但是人类遗传了生理上甚至行为举止上的基因，表现出因遗传因素产生的变化，这与其他生物不同。人类在历史发展的过程中，直到今天，世界不同角落的人类各种族的特征还越来越明显。人类的现代生活条件甚至还驱使着一些基因的改变，而该基因控制的人类行为特征也会因此发生变化。

未来的人类没有大脑袋，又会是什么形象呢？变高或者变矮，更加聪明还是更笨？各种新疾病不断涌现，全球气候变暖，我们的外形会因此而改变吗？全新的人类物种有可能出现吗？人类利用硅晶芯片来增强大脑功能，在身体里植入钢铁部件来提高身体强度，这样高新的科技会不会决定人类的进化，我们的基因会不会不再具有决定性作用？甚至更严重的是，我们创造出的灿烂文明会不会被地球上更智慧的物种——机器人统治，人类会自掘坟墓吗？

最优秀的进化者

古生物学家追查人类进化过程时，他们研究各种发掘自远古时期的骨骼化石。距今 700 万年前，人科动物就产生了，那一时期体型较小的原始人乍得沙赫人就已经出现。此后，许多有争议的但明显不同的新物种也出现了，目前所了解的就有 9 种以上，并且还有其他物种仍没有被发现，被埋没不为人所知。早期人类骨骼一般都被掠食动物所吞噬，很少有机会能变为沉积岩，所以原始人类的化石很少见。对于远古人类骨骼化石研究的各种新发现与新突破不断出现，生物学家们一直都在不断修改并完善着关于人类进化过程的推断。

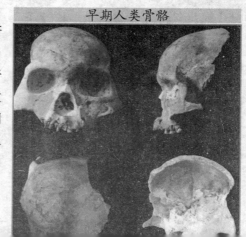

早期人类骨骼

第一章 生命的起源

不知出于什么原因，一小群原始人类从大多数同类中分离出来，好几代以后它们发展出一套不同的特性，以适应它们所处的全新环境，这是每一个人科新物种的进化都必须经历的开端。分离出来的这一小部分人在与同类隔绝后逐渐形成了自己的遗传路径，最终再不能与之前的同类交配繁殖下一代。

从化石资料中得知，智人的祖先生活于 19.5 万年今天埃塞俄比亚所在的地方，这是智人最早出现的祖先。他们从早期生活的地方开始向世界各地扩散。现在，世界各个角落都有了人类的足迹，或许有人就会因此做出人类的进化时代已经终结的推断。

而事实并不是这样。2008 年，美国犹他大学的亨利·C.哈彭丁和威斯康星大学麦迪逊分校的约翰·霍克斯以及他们的同事在他们发表的一篇学术论文中，分析了国际人类基因组单体型图计划获得的数据。他们特别对来自于中国汉族、日本、非洲约鲁巴和北欧这 4 个不同种族的 270 名研究对象的遗传标记进行了研究。通过研究发现，在"短短"5000 年前超过 7% 的人类基因还发生过进化。

美国哈佛大学的帕迪斯·C.萨贝加入到他同事进行的另一项研究，他们在遗传变异的大量数据中寻找自然选择在人类基因组中留下的痕迹。他们在基因组上的 300 多个区域中找到了证据，表明人类生存和繁衍的能力被最近出现的一些变化改善了。

哈彭丁与霍克斯的研究小组估计，相对于原始人类和现代黑猩猩的祖先分离出来时，在过去一万年里，人类进化的速度至少加快了 100 倍。他们认为进化提速的原因是人类迁居环境的多样性，以及农业和城市出现导致的生活条件的改变。把荒地开垦为耕地，不仅只是导致农业本身和地形地貌的改变，还会导致卫生条件趋于恶劣，还会带来不断新颖的饮食习惯（传染自其他人类或家畜的）疾病，这些往往都是会致命的因素。虽然对这些推断，有些研究人员存在保留意见，但他们有

原始人类是从黑猩猩分离出来的

一个明确的基本观点：人类是最优秀的进化者。

遗传变异

　　生物的亲代能产生与自己相似的后代的现象叫做遗传。遗传物质的基础是脱氧核糖核酸（DNA），亲代将自己的遗传物质DNA传递给子代，而且遗传的性状和物种保持相对的稳定性。亲代与子代之间、子代的个体之间，是绝对不会完全相同的，也就是说，总是或多或少地存在着差异，这种现象叫变异。

新人类物种

　　既然我们已经人为控制了如此之多的动植物物种的进化方向，那么为何不对我们自己的进化方向也实施人工控制呢？既然我们能做得更快并给我们自身带来更多好处，为何还要傻傻地等着自然选择出手呢？在人类行为研究领域，遗传学家不仅追查与人类自身缺陷和行为障碍相关的基因成分，同时也在寻找跟人类的整体性情、性特征和竞争能力的各个方面有关的基因成分，其中有许多基因至少具有部分可遗传性。随着时间的推移，精心筛查基因构成成分将变得稀松平常，人们也将负担得起基于遗传技术研发出来的各种药物。

　　接下来的一步就是真正改变人们的基因。改变基因大概可以采用以下两种方法：一种仅仅改变相关器官的基因，被称为基因疗法；另一种改变一个人的整个基因组，被称作生殖细胞疗法。为了能够用效果有限的基因疗法治愈疾病，研究人员还在不懈地努力。但是如果他们能够攻克生殖细胞疗法，就不仅能够帮助患者自身，还能让患者的子女免受同一疾病所害。人类基因工程面临的最大障碍就在于基因组本身的超级复杂性。基因通常拥有不止一种功能，同一种功能又常常是多个不同基因共同作用的结果。由于基因的这种多效性，如果只对某一个基因进行小修小补，很可能导致预料之外的后果。

　　假设我们真的能够改变基因，对未来人类的进化又将产生什么样的影

第一章　生命的起源

响呢？影响也许是翻天覆地的。如果父母改变他们未出生孩子的基因，提高其智力，改良其外貌，延长其寿命，这些孩子出生后就会既聪明又长寿，比方说智商和寿命都可以达到150。这样一来，与其他正常人相比，他们就可以生育更多子女，积累更多财富。然后，物以类聚，人以群分，他们会与跟他们一样的人走到一起，自发地在地域或社交上形成自己的圈子，与他人隔绝开来。长此以往，他们的基因就会发生某种变化，最终形成一个新的物种。总有一天，我们将有能力给这个世界带来一个新的人类物种。何去何从，将留给我们的后代子孙去决定。

 ## 进化论悖论

比基因改造更难预测的，是我们对机器的操纵，或者说，是机器对我们的操纵。我们这一物种的终极进化目标，是不是"人机共生"或者"人机合成"呢？许多科幻作家都曾预言，未来人类将把机器人作为身体的一部分，或者把我们的思维上传到电脑。事实上，我们现在就已经十分依赖机器了。我们在制造越来越多的机器来满足人类需求的同时，也令我们的生活与行为不得不越来越多地适应机器的要求。随着机器变得越来越复杂，相互间的连接越来越紧密，我们将不得不反过来去适应它们。在1998年出版的《电脑生命天演论》毫不掩饰地阐述了这样的观点："人类为了让电脑网络变得更容易操作而做的每一件事，同时也由于各种各样的原因，令电脑网络更容易操控人类……达尔文式进化是生活中比比皆是的悖论之一，它或许无法跟上由它衍生出来的非达尔文式进化的脚步，最终沦为自身大获成功的牺牲品。"

现代科技威力锐不可当，已经对古老的进化模式造成威胁。2004年，英国牛津大学的进化哲学家尼克·博斯特罗姆在一篇短文中，讨论了有关人类未来的两种不同的观点。就乐观的一面而言，他认为："从大局观出发，整体趋势仍朝着结构

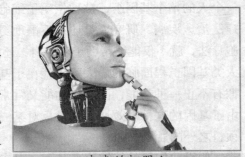

未来的机器人

更复杂、知识更发达、思维更高级、协作更紧密、目标更明确的组织结构发展。坦率地说，这样一种趋势我们可以称之为'进步'。可是如果坚持认为，以往进化成功的记录让我们有充分的理由相信，进化（不管是生物的、模因的，还是技术的）将继续带领我们朝着预期的方向前进，那就有点过于乐观了。"

尽管提到"进步"一词肯定会让已故的进化生物学家史蒂文·杰伊·古尔德在他的坟墓里坐卧难安，但这样的观点也并非完全没有道

古人类头像

理。古尔德认为，包括古人类化石在内的所有化石都在告诉我们，进化带来的改变不是连续的，而是间断的，肯定不会朝着某个特定的方向"进步"。在进化过程中，生物体可以变小，也可以变大。不过进化确实至少显示出一个方向，那就是总朝着更复杂的方向进行。或许这将是未来人类进化的最后归宿：通过解剖学、生理学与行为学的某种结合变得更为复杂。如果我们继续适应环境（并且开始着手实施一些巧妙的行星改造工程），就没有任何遗传或进化理由能够阻止我们亲眼看到太阳死去的那一天。与衰老不同，灭绝似乎并没有通过遗传编码的方式，植根于每一个物种之中。

悲观论调或许大家早已有所耳闻。博斯特罗姆为我们构建了一个场景，描述了将思维上传给电脑如何会给我们带来灭亡。高级人工智能可以对人类认知的不同部分进行压缩，重新组合成"人不像人"的某种东西——这可能会使我们人类变成无用之辈。博斯特罗姆还对事情接下来的发展过程作出了预测："个别人类把自己的思维上传到电脑并复制出许多个自己。与此同时，神经科学和人工智能学的逐步发展，最终有可能将个人认知模块的不同部分逐个剥离出来，再与其他上传思维的认识模块连接在一起……符合同一标准的认知模块能够更好地彼此交流协作，因此变得更加经济高效，从而创造出一种由标准化带来的进化压力……到时候在心智结构方面，人类将找不到任何立足之地。"

第一章 生命的起源

如果说技术上被边缘化还不足以令你烦恼的话，博斯特罗姆还总结出一个更令人沮丧的可能性：如果机器效率成为衡量人类进化适应性的新标准，许多被我们视为典型人性的东西将被清除出我们的血统。他认为："尽情挥霍与嬉戏玩乐无疑给人类生活带来了诸多内涵——比如幽默、爱情、游戏、艺术、性爱、舞蹈、社交、哲学、文学、科学发现、金食玉饮、交朋识友、生儿育女、运动消遣等等——我们偏爱并且能够让自己沉迷于这些活动，这样的癖好是和人类过去的进化历史相适应的；但是有什么理由能够让我们自信满满地以为，上述活动或者类似的行为在未来还会继续与我们相适应呢？或许未来除了为提高某一经济产出指标的小数点后第 8 位而终日从事繁重琐碎、单调重复的工作以外，再也没有任何东西能够让我们的适应性趋于最大化了。"

简而言之，假如未来我们尚未灭绝的话，人类有以下几条不同的道路可供选择：

进化停滞：我们在很大程度上仍与现在相同，只是由于种族融合而发生少量变化。

新生物种：一个新的人类物种可以在地球或者其他行星上进化形成。

人机共生：机器与人脑结合创造出一种新的共生智慧，可能保留也可能不再保留今天被我们称为人性的这些特质。

你知道吗？

边缘化

边缘化是一个比较抽象的说法，就是非中心，非主流，或者说被主流（主流社会、主流人群、主流意识形态、主流文化、主流经济……）所排斥，所不包容。信息时代的经济全球化浪潮中，不发达国家和地区被排斥在经济全球化之外，呈现经济"边缘化"趋向。落后地区的边缘化反而成了当前全球化浪潮中急需解决的矛盾。

第二章 生机盎然的古生代

　　古生代是地质时代中的一个时代，动物群以海生无脊椎动物中的三叶虫、软体动物和棘皮动物最繁盛。在奥陶纪、志留纪、泥盆纪、石炭纪，相继出现低等鱼类、古两栖类和古爬行类动物。鱼类在泥盆纪达于全盛，石炭纪和二叠纪昆虫和两栖类繁盛。古生代植物以海生藻类为主，下面就让我们一起回到亿万年前，看看那时的地球。

第一节　大幕拉开

混乱的地球

寒武纪始于距今 5.45 亿年以前，并于 5000 万年后落幕，这是地球历史上一个混乱的时期。虽然，此时的格陵兰岛已经享受到了亚热带气候的滋润，可是中国大地还浸没在浩瀚的汪洋之下。今天的北美洲当时曾是劳伦西亚古大陆的一部分，且与现在的苏格兰及格陵兰岛彼此相连；而今天的英格兰和威尔士则被海水覆盖，它们的版图与现在的纽芬兰、加拿大、新英格兰及美国连在一起。凯尔特族神话故事中有一个名叫"阿瓦隆"的小岛，传说岛上是一片极乐世界，亚瑟国王和他的圆桌骑士们便长眠在这个美丽的地方。为了表示对他的敬意，科学家们将这块沉没的大陆称作"阿瓦罗尼亚"——意思是

格陵兰岛美景

阿瓦隆岛起源的大陆。诸如此类的动人传说不胜枚举，神秘消失的亚特兰蒂斯也是其中之一，而这些神话、传说似乎正是古人根据史前时期地球上所发生的某些事情创作出来的。

亚特兰蒂斯

柏拉图描述的亚特兰蒂斯：全岛是几个呈同心圆的陆地，被环状的运河分隔开。那里的人们有很高的智商，精通哲学、科技和艺术。柏拉图说，亚特兰蒂斯早在（从他那时算的）一万年前就沉没了，位置在直布罗陀海峡附近。但不知道是一场什么大灾难，竟然使一块大陆一夜之间沉入海底。有专家推断，或许那正说明亚特兰蒂斯只不过是个小岛。也有人讲，亚特兰蒂斯是人们记忆中的上古文明的残留踪影。

生物大爆发

寒武纪揭开了生物史的宏伟帷幕。除个别物种外，现在生活在地球上的生物几乎全都在寒武纪时期出现了，数百万个新的物种一下子涌现出来，地球马上呈现出一片生意盎然的繁荣景象，而这次大规模的生物出现也被称作"寒武纪大爆发"。化石研究发现，寒武纪出现了数量众多、种类各异的海洋生物。直到今天，科学家们也只能为一部分寒武纪生物进行识别、归类，仍有部分令人费解的神秘生物在等待着人们揭开它们的身世。随着新生物的不断出现，老的物种逐渐灭绝。

哈氏虫是一种出现于寒武纪早期的海洋生物，它的样子很像香肠，身上布满鳞甲，头尾两端各长着一个贝壳形的帽状物。科学家们还发现了另一种寒武纪海洋生物，但到目前为止，他们只知道这种生物的后背上长着用来保护自己的细小的棘刺，除此之外，便一无所知了。尽管，当时的海洋中尽是些稀奇古怪的生物，然而，与此前地球上长达30亿年的荒凉景象相比，这些有壳类生物的出现，无疑是寒武纪时期一件惊天动地的大事了。它们的身影无处不在，几乎在同一个时间充斥了整个地球。这些生物

犹如一种答案，而这一答案恰好从某些方面展现了生命本能的伟大与崇高。

远古的海洋生物化石

小软舌螺和托莫特壳类都是寒武纪时期出现的软体动物，它们都有一副中空的保护壳，这种角状的外壳使它们看上去就像戴着一顶尖尖的帽子。鉴于目前科学家们只发现了这些生物的外壳化石，因此他们只能推测壳中很可能是一种长有触须的或是像蛞蝓一样的软体生物。这种生物应该是头足类动物的祖先。现存的头足类动物包括章鱼、乌贼等。

曾有一些科学家提出，动物进化出外壳是为了储存或过滤养分。但大部分科学家认为，外壳是生物经过进化所形成的一种基本的自我保护形态，主要是为了躲避食肉动物的攻击。外壳的出现，标志着寒武纪时期地球生物的生存环境发生了重大改变。生物间的生存竞争由此开始，捕食者与被捕食者的数量虽说此消彼长，却始终保持在一种平衡状态。但从某些方面来说，保护壳的出现也的确算得上是生物的一种悲哀，因为这表明生物在很早以前便具备了攻击与竞争的本能。

地球进入寒武纪后，尽管大气层中的氧气含量不断增加，但生物的活动范围依然只局限于海洋世界中。海底生活着软体动物、蠕虫类动物以及各种甲壳类动物。化石研究发现表明，近1/3的寒武纪生物其实都属于同一类生物。

尽管这些生物最后还是无法逃脱灭绝的命运，但由此可见，地球生物在很早以前就已经出现了巨大的变化，它们已经进化出相当复杂的身体构造。

科学家们在加拿大西部不列颠哥伦比亚省的落基山脉发现了寒武纪世界令人惊异的另一番景象。在落基山脉的伯基斯页岩层中挖掘出的远古海洋生物化石，其数量之多，曾轰动一时。其中不单有三叶虫化石，还有海绵、海蜇及一些类似蠕虫的生物。有的"蠕虫"长有尖刺，有的则长着利齿。其中还有一种奇怪的生物，由于它们长得太过古怪，似乎只有在梦境中才会出现，因此被命名为"怪诞虫"。

怪诞虫

这个名字的词源是"离奇的白日梦"。由于最初的化石保存不好，当英国古生物学家莫瑞斯 1977 年看到它身体上规则分布的两排刺时，误当成了用来走路的腿，而把本用来走路的腿误作装饰品。他认为这样的奇幻生物"只有做梦才能梦到"，所以命名为怪诞虫。但是对于科学家来说，搞清楚它到底长得什么样却真的是一场噩梦。

没有人能分辨出哪边是它的头部，哪边是它的尾部。怪诞虫是寒武纪生物的典型代表，这个时期地球上出现的生物大多都相貌怪异。例如，寒武纪还出现过一种"欧帕毕尼亚虫"，这种蠕虫状的食肉动物，头上顺着五只眼睛，还伸出一条灵巧的、象鼻状的嘴巴，长嘴巴的最前端是布满利齿的上下颚。由于科学家们无法为其归类，所以它的身份至今还是未解之谜。在诸多寒武纪海洋生物中，奇虾可称得上是位巨人了，它的体长甚至可以达到 60 厘米，看上去就像海蜇、虾与海参的结合体。寒武纪时期生物的多样性似乎成了催生这些"怪胎"的催化剂。在现代人眼里，无论是这些生物的外形还是它们的大小，都是那么不可思议，这样的生物似乎只有在魔幻世界中才会出现。

或许是受了化石的影响，我们通常会将寒武纪时期的海洋生物都想象成灰白色。其实我们完全没有理由怀疑当时的生物有着斑斓的色彩和图案各异的纹路。今天的海底世界中生活着形形色色的海洋生物，它们有的身上会发出奇异的微光；有的身上好像绑着一圈圈霓虹灯；有的甚至会随着海浪的频率有规律地收缩身体。古老的寒武纪海洋无疑被千姿百态的发光生物映衬得绚烂多彩。我们不妨想象一下，当那些远古海洋动物们身披五光十色的"闪光外衣"在蔚蓝的海水中游弋的时候，那种热闹的景象就犹如原始深海中正在举办一场摇滚音乐会。然而，除了呼啸的风声与海浪拍打岸边发出的声响，那时的地球就是一片寂静无声的世界。既没有呼喊声也没有哭泣声；既听不到优美的歌声，也听不到凄厉的尖叫。数百万年以来，只有间或出现的风雨声和无休无止的海浪声在地球上回响。

科学家们在伯基斯页岩层中还发现了另一种古生物的化石，这一发现无疑是地球故事中至关重要的一章。这种被称作"匹卡亚虫"的海洋生物，

古生物化石

是一种体长约为 5 厘米的蠕虫状生物。当你第一次看到匹卡亚虫时，或许会觉得和其他的寒武纪生物相比，它只是个长相"平凡"的家伙，但是等你了解了这些背部长着椎骨的生物之后，你肯定会对它的印象大大改观。匹卡亚虫是一种脊索动物，顾名思义，它的背部长有一根脊索（一种形成躯体支持轴的杆状结构）。匹卡亚虫很可能与地球上现存的所有脊椎动物的祖先有着千丝万缕的关系。地球上现有的脊椎动物包括鱼类、两栖动物、爬行动物、鸟类及哺乳动物，其中也包括我们人类。千万别小看这种体形微小的匹卡亚虫，人类的祖先恰恰就是这种看似不起眼的小生物。

要想了解包括无颚鱼在内的、最早的脊椎动物们是如何进化出头部的，的确是一件非常有趣的事情。这些长得有点像鱼类的脊索动物们在不断觅食的过程中逐渐拥有了嗅觉和触觉，它们甚至可以观察周围水域的环境。不知什么原因，脊索生物对周遭信息的综合式搜索竟然使它们进化出一根神经索，而后这根神经索的前端不断膨胀增大，最终形成大脑。由此不难看出，今天人类所具备的外形直接关系到人类如何适应并控制与其生存息息相关的周围环境。

 ## 海洋的统领

三叶虫是寒武纪时期最繁盛的动物，它统治着整个海洋。

在寒武纪时期三叶虫约占当时全部生物的 60%，是一类比较高级的节肢动物。从外表来看，寒武纪早期的三叶虫，一般头部巨大，尾部短小，如小遇仙寺虫。寒武纪中期的三叶虫，一般头尾大小相等，尾部生长着棘刺，如德氏

三叶虫化石

虫、叉尾虫。寒武纪末期的三叶虫，一般头尾多是浑圆的。

节肢动物

　　节肢动物，也称"节足动物"，动物界中种类最多的一门。身体左右对称，由多数结构与功能各不相同的体节构成，一般可分头、胸、腹三部，但有些种类头、胸两部愈合为头胸部，有些种类胸部与腹部未分化。体表被有坚厚的几丁质外骨骼。附肢分节。除自由生活的外，也有寄生的种类。包括甲壳纲、三叶虫纲、肢口纲、蛛形纲、原气管纲、多足纲和昆虫纲等。

　　三叶虫的身体分为头、胸、尾三部分，虫体的背甲正中突起，被两条纵沟分成左、中、右三叶，它的名字就是这么得来的。

　　因为三叶虫拥有坚硬的背甲，所以很容易保存为化石。这种动物早已从地球上消失，我们对它们的了解全是从化石中研究得来的。

　　300多年前的明朝崇祯年间，在山东泰安大汶口石头里，一个名叫张华东的人发现了一种"怪物"。这种怪物的外形非常似飞翔的蝙蝠，于是张华东就将这种石头称作"蝙蝠石"。

　　到20世纪20年代，我国的古生物学家对"蝙蝠石"进行了科学研究，发现"蝙蝠石"原来是某种三叶虫的尾部化石。

　　我国出土的三叶虫化石不但数量多种类全，仅在寒武纪的早期地质岩层中就发掘出了200多个三叶虫化石。如山东泰安盛产的"燕子石"就是大量三叶虫死后堆积形成的化石。这些化石好似展翅欲飞的燕子，其实那是一种长着尾刺的三叶虫。

　　在其他国家，也早就有人发现过三叶虫化石。1698年，一个名叫鲁德的人发现了一种头部长着三个圆瘤的三叶虫化石，并将之命名为"三瘤虫"。

　　现在世界上有三种保存状态的三叶虫化石：

　　一是化石基本上头、胸、尾肢解分离，但是不同的部分基本上保存于同一层面，彼此的距离不远；

　　二是化石同头、胸、尾肢解分离成不同于像上述的密集于层面的状态，却分散保存于泥岩层内；

　　三是三叶虫化石完整保存于泥岩层内。

第二章　生机盎然的古生代

三叶虫的头部覆盖着坚硬的甲壳，称为头甲，这是鉴定三叶虫分类和种属的重要依据。头甲上中央有一个突起的安置脑的处所，称为头鞍。

三叶虫头鞍的形状和大小在生物演化中发生着相应的变化。寒武纪早期的原始三叶虫，其头鞍一般呈长圆锥形，突起并不明显。寒武纪中期以后的三叶虫，其头鞍开始缩短，头鞍两侧的颊部逐渐趋向平行，头鞍一般呈圆柱形，个别的三叶虫头鞍甚至变成了球形。寒武纪末期及以后的三叶虫，其头鞍已经不再明显突起，与头甲融为了一体。

有的三叶虫头鞍十分圆润光滑，一些三叶虫头鞍上长着瘤斑，另外还有一些三叶虫头鞍上长着具横沟，称为"头鞍沟"。

三叶虫头鞍前部是头盖，上面生长着眼脊、眼叶和眼睛，三叶虫的眼睛在历史进化中也在发生着不断变化。早期三叶虫的眼睛是月牙的，后来慢慢变小，最后绝迹。还有一类生长着复眼的三叶虫，眼睛则由小变大，最后生长出眼柄，志留纪时期的许多三叶虫就属于此类。

三叶虫眼睛的前后有一条沟，称为面线。三叶虫随着身体的生长逐渐变大，面线是三叶虫用来脱壳钻出去的地方。三叶虫的面线也在发生着演变，早期三叶虫的面线后支终点常与头部的后边缘或两颊角相交，而奥陶纪以后的三叶虫，其面线后支终点则与头部两旁的侧缘相交。

三叶虫头部两侧具有活动颊，颊上生长着尖锐的刺。头部腹面的前端生长着触须，感觉器官。触须的后面是三叶虫的唇瓣，也就是用来捕捉食物的口。口两侧生长着许多的分节附肢，附肢上生长着细密的纤毛，有行动和呼吸的作用。

三叶虫的胸部由许多形状大致相同的胸节构成，胸带多者达十几节，少者只有两节。各个胸节之间以覆瓦状衔接起来，与绝大多数节肢动物的体节一样，具有自由弯曲或伸展作用。

三叶虫的尾部和胸部一样，是由若干体节融合而成的。三叶虫的尾一般都是半圆形，尾部边缘有的带刺，有的不带刺。如寒武纪和奥陶纪的三叶虫一般都没有尾刺，而志留纪及其以后三叶虫一般都长着长长的尾刺，这些刺可以自由伸展、放射，让三叶虫变得很漂亮。

三叶虫的背部一般是更硬而且甲光滑，但有些种类的三叶虫，其背部生长着许多小瘤，这些小瘤与颊刺、尾刺连在一起，成为一套防护"盔甲"。可见，在当时的海洋中即使有比三叶虫强悍的动物，也不敢随便欺负冒犯它们。

三叶虫属于卵生、雌雄异体动物。它们从生命初始，经过多次的蜕壳才能长大，现存的许多节肢动物都延续了三叶虫的发育方式。

三叶虫要经历幼年期、分节期和成虫期三个发育阶段。

幼年期的三叶虫身体特别小，直径约为 0.24 ~ 1.3 毫米，一般呈圆球状，身体上的突起部位很明显，头部与尾部不很分明，也没有胸节。

分节期的三叶虫头部和尾部已经分开，胸节开始发育。随着三叶虫不断生长和蜕壳，身体上的胸节、刺、瘤和尾甲的分节数就会增加，当胸节全部长成后就进入了成熟期。

成熟后的三叶虫，就完全可以在海洋中惬意地生活了。

至今，科学家还不曾在陆地层中发现三叶虫化石，这证明三叶虫只生活在海洋中。

绚丽夺目的寒武纪

寒武纪是一个生命大爆发的时代，除了三叶虫还有许多其他生物。

1. 奇虾

约 5.3 亿年前的海洋中，奇虾是最凶猛的动物。它的头部生长着一对带柄的巨眼，头前有一对分节的巨型前肢，用来快速捕捉食物，尾部长着好看的大尾扇和一对长长的尾叉。它的口直径达 25 厘米，口中长着环状排列的外齿，威胁着海洋的其他生物。奇虾不善于行走，但它游泳速度很快，个体最大可达 2 米，而当时其他动物的平均长度只有几厘米或几毫米。这说明，奇虾确实是一种攻击能力很强的动物。

2. 古杯

奇虾复原图

在 5.7 亿 ~ 5.15 亿年前，古杯是一种很常见的低等多细胞海生动物。古杯在形态上好像珊瑚，但具有精致、规则的多孔系统，很容易与珊瑚区分。在生活方式上，古杯分为单体和群体两种。单体的古杯多呈杯状、锥状、圆柱状和盘状等；

群体的古杯多呈树丛状和链状等。古杯演化快，分布广，除南美洲外遍及全球各大洲，在古生态、沉积环境和寒武系与前寒武系界线地层研究中有重要意义。

珊瑚虫化石

你知道吗？

珊瑚虫

珊瑚虫是珊瑚纲中多类生物的统称。身体呈圆筒状，有八个或八个以上的触手，触手中央有口。多群居，结合成一个群体，形状像树枝。骨骼叫珊瑚。产在热带海中。珊瑚虫种类很多，是海底花园的建设者之一。它的建筑材料是它外胚层的细胞所分泌的石灰质物质，建造的各种各样美丽的建筑物则是珊瑚虫身体的一个组成部分——外骨骼。平时能看到的珊瑚便是珊瑚虫死后留下的骨骼。

3. 埃谢栉蚕

其化石产地为加拿大西部，生活于距今5.36亿～5.1亿年前，体长2～2.5厘米，是一种多刺动物，生长着毛一样的腿，通常以海绵生物为食。

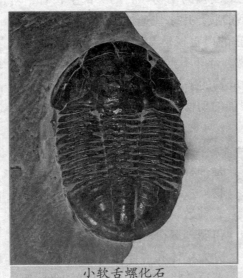

小软舌螺化石

4. 哈氏虫

其化石产地为格陵兰，生活于距今5.7亿～5.36年前，体长约6.25厘米，是一种像蛞蝓一样的动物，体表覆盖着许多鳞状物。

5. 小软舌螺

其化石产地为欧洲，生活于距今5.8亿～5.18亿年前，体长约0.25厘米，是软体动物的早期成员。

6. 科氏惊异虫

其生活于距今5.7亿～5.36亿年前，体长约15厘米，是迄今所发现的节肢动物中最古老的成员。

7. 地衣壳形虫

其化石产地为欧洲、北非和美国，生活于距今 5.36 亿 ~ 5.18 亿年前，体长 5 厘米，是一类已经绝迹的好像海百合的原始动物。

8. 微网虫

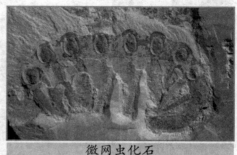

其化石产地为加拿大和中国，生活于距今 5.36 亿 ~ 5.18 亿年前，体长约 7.5 厘米，是一种有足的蠕虫状动物。

微网虫化石

9. 皮卡虫

其化石产地为加拿大西部，生活于距今约 5.3 亿年前，体长约 5 厘米，是一种背上生长着好像脊椎物质的动物，它可能是包括人类在内的所有脊椎动物的祖先。

10. 多须虫

其化石产地为加拿大西部，生活于距今 5.36 亿 ~ 5.16 亿年前，体长约 10 厘米，是一种头扁、体宽、有桨状鳃的动物，可能是鲨、蜘蛛和螨的祖先。

寒武纪作为地球历史上影响重大的地质时期揭开了生命大量繁衍的序幕，走进了藻类和无脊椎生物的世界。

第二章 生机盎然的古生代

地球生物的明天…生物进化

第二节 进军陆地

海底乐园

在奥陶纪之初，今天的大洋洲还是一片海底世界，现在的北美洲不但处在南极的位置上，而且它尚未与如今欧洲北部地区的领土分离，它们一直连在一起，并缓慢地移动着。不列颠群岛的西部边界，当时曾是火山岛环绕的地方。纵观整个奥陶纪，地球的气候条件出现了一系列巨变，而奥陶纪时期出现的火山喷发正是由某些气候变化引起的。我们在以后将会看到，在奥陶纪末期，地球将进入一段漫长的冰河时代。从冥古宙直至奥陶纪结束，地球气候似乎一直处在酷热与严寒的更迭之中。然而，最早的脊椎动物正是出现于这个时期。早期的脊椎动物长得有点像它们的祖先——寒武纪时出现的匹卡亚虫，脊椎动物的祖先们尽管身材渺小，但它们却从残酷的寒武纪大灭绝中幸存下来。奥陶纪为这些幸运儿们提供了一片新天地，它们再次大展拳脚，创造出地球上最早的脊椎动物。随着地球进入奥陶纪，无颚鱼类的身上也进化出坚硬的骨质护甲。此时，海洋中还出现了一种被人们称作"牙形刺"的古代生物。牙形刺的体形很像鳗鱼，虽然个头不大，却长着一对巨大的眼睛，它们的肌肉构造和鱼类相仿，不但长有牙齿，甚至还进化出鳍状物。尽管如此，牙形刺仍然属于无颚鱼。有证据显示，

036

奥陶纪时期的海洋中曾经生活着大批的牙形刺。然而，在鱼类逐级进化的全过程中，牙形刺不过是又一个失败的实验品而已，这些生物最终还是难以逃脱湮没的厄运。时至今日，我们也只能端详它们留在化石中的倩影了。

海螺

尽管对于其他海洋生物来说，这个时期的大海依然主宰着它们的兴衰成败，但是无脊椎动物（没有脊骨的动物）却是这片广阔水域的宠儿。奥陶纪的海洋成了无脊椎动物的天堂，各种无脊椎动物在这里繁衍生息，其中不但有珊瑚虫、海螺、海绵，还涌现出大量的腕足动物、三叶虫和长着各种外壳的海洋生物。海百合、穴居蚌、海星、海胆也都在这片乐土中开辟了各自的小天地。其中一些海洋动物又进化成后来的"滤食动物"，即一种通过滤取水中丰富的浮游生物作为食物的水生动物。此时，一张组织关系极为复杂的生命之网已经织成，上至凶猛的捕食者，下至微小的浮游生物，无不被庞杂的食物链所束缚。从外表上看，许多奥陶纪时期的无脊椎动物与今天的一些海洋居民颇有几分相似。正如科学家们所说，某些无脊椎动物自诞生之日起，纵然时光流转，它们的容貌却没有太多的变化。过去与现在，它们最主要的区别就在于它们的生存地位。曾几何时，这些无脊椎动物曾是海洋中的霸主，如今却已雄风尽逝。这些曾在光线幽暗、飘摇不定的海洋王国中安居乐业的子民们，而今却只剩下留在古老岩石中的嶙峋瘦骨，可以依稀辨认出它们当年矫健的身姿。

在众多古海洋生物的化石中，有一种生物化石显得尤为精致。因为这种古生物的遗骸线条优美，酷似用笔在岩石层面上书写的痕迹，因此被人们称作"笔石动物"。笔石动物喜欢群居生活，它们的构造也很奇特，乍看起来好像一根绳子上穿着一个个小杯子，而从每个杯口里都会探出一个像游动孢子一样、脑袋上长着褶皱的、极小的滤食动物。奥陶纪的海洋中到处可以看到笔石动物的聚居群落。这些笔石动物有的长有用于固定身体的茎根构造，因此可以稳稳地扎根于海底的岩石缝隙中，不会被洋流带走；还有的则随着海面的波涛四处漂浮。笔石动物死亡后，它们的尸体会沉到

第二章　生机盎然的古生代

海底形成沉积层。数百年后，这些原本脆弱的生命就变成坚硬的石头。

除这些弱小的生物外，奥陶纪时期的海洋中还生活着一些体形更大、性情更为残暴的生物。当时出现的头足纲海洋软体动物中有一种直壳类鹦鹉螺，它的体长可达四米。据我们所知，在此之前，地球上还从未出现过这么庞大的生物，说它是奥陶纪海洋中的巨人一点儿都不为过。

笔石动物

笔石动物是一类绝灭了的海生群体动物。笔石虫体所分泌的骨骼，称为笔石体。笔石体一般大小为几厘米或几十厘米，较大的可达 70 厘米或更长。笔石体的成分以往视为几丁质。1966 年富卡尔特和热尼奥的分析结果表明，笔石骨骼中不含几丁质，但有甘氨酸、丙氨酸等多种氨基酸，这些氨基酸可能来源于硬蛋白，透射电镜下所显示的骨骼超微结构有蛋白骨胶原的外表，很可能其物质成分为骨胶原。因此，笔石体的成分似乎是一个非几丁质的有机物。

非凡的跃迁

然而，与奥陶纪时期海洋中所发生过的所有触目惊心的生物进化相比，生命开始向陆地挺进——无疑是生物进化过程中意义非凡的一次跃迁。苔类，它们首当其冲，最先从咸涩的海洋迁至内陆淡水地区居住。首批生物登陆梯队由一些苔类植物组成，只见这些深绿色、长有带状叶子的低矮植物展开匍匐登陆攻势，紧贴着地表蔓延开来。从攀上陆地的那一刻起，地球生物就开始谱写进化故事的陆地新篇了。此时，地球上空高悬的大气层不但可以为这些原始植物提供充足的呼吸用氧，大气层中臭氧层厚度也足以保护它们不受高温阳光的直接照射。

苔类植物

从此，原始植物便在潮湿的水边，或幽暗的洞穴中安家落户。植物的进化轨迹几乎很难考证，不过加拿大地质学家却发现了地球历史上最古老的动物足迹，它们的主人是一种小型节肢动物——根据比对，科学家们发现这种生物的同族后代如今还生活在地球上，其中包括各种昆虫、蜘蛛、蝎子和一些甲壳类动物。这种特别的生物长得很像土鳖虫。它应该是第一批爬出湿漉漉的淡水区，踏上干燥大地的动物。尽管它留下的小脚印只有一厘米宽，但它却宣告了地球生物告别海洋登上陆地的伟大壮举。这些小小的印记，第一次向世人印证了动物进化史中一次伟大的变迁。尽管它们显得那么的模糊，然而却是那么的令人不可思议。然而，自奥陶纪开始，

植物作为陆地上的第一批居民，已经在空气、阳光、水分的滋养下，生根发芽、繁殖后代了。它们在阳光下尽情地伸展着自己的腰肢，缓慢地、一点点地拉长，直到用自己的身体覆盖拓展自己的空间，不断地开辟出只属于自己的新领地。要揣摩出这种志留纪生物有着怎样的狰狞嘴脸了。

节肢动物——蜘蛛

从海洋到陆地，地球生物们开始了新的进化之旅，这段绝妙的历程会让它们受益颇多。如今，当我们再次回首志留纪出现的首批小脚印时，不禁慨叹当年的生物真是迈着坚定的步伐踏上这段前途未卜的征程。而我们划分志留纪的时间，也正是从活体生物第一次真真正正地登上陆地，组建家园时算起的。

生物已经开始在陆地上繁衍生息。今天，地质学家们在澳大利亚西部的砂岩中发现了很小的志留纪生物留下的印记与擦痕。根据比对，它们都是些节肢动物，其中包括千足虫、蝎子和蜘蛛的早期远亲——一种学名叫做特瑞格诺塔毕德(Trigonotarbid)的蜘蛛纲。如今的节肢动物似乎被人为地加上了一分神秘的色彩，你或许会以为，它们是靠吸食邪恶能量为生的晴夜精灵。蜘蛛和蝎子令许多人毛骨悚然，因为它们不但爬得飞快，甚至还会置人于死地；或许人类也隐约地感觉到节肢动物来自某个未知的史前时代，所以时时处处都在小心提防这些个头不大的食肉动物。志留纪的节肢

第二章 生机盎然的古生代

动物不但会捕食一些靠吃腐烂植物为生的小虫子，也会吃掉自己的同类。自志留纪开始，陆地生物已经形成了一条完整的食物链。

 奥陶纪大灭绝

1. 冰冻导致的浩劫

在距今 4.4 亿年前的奥陶纪末期，奥陶纪生物发生了大灭绝。

关于这次物种灭绝，古生物学家认为原因是全球气候变冷。现在的撒哈拉所在的陆地在 4.4 亿年前大约处于南极，陆地在当时极点附近汇集，可能产生厚厚的积冰，奥陶纪就是这样一种情形。洋流和大气环流由于冰川的作用逐渐变冷，地球的温度也下降，水被冰川锁住了，海平面降低，沿海丰富的生物圈遭到破坏，85% 的物种因此灭绝。于水体生活的各类无脊椎动物消失殆尽。

2. 致命射线的假说

美国堪萨斯大学的天文学家阿得利安·麦乐曾认为，奥陶纪生物发生大灭绝的原因可能是伽玛暴的袭击。他的解释是，一次发生于 4.4 亿年前

冰川

的伽玛暴使得生物受到来自于地球臭氧层的保护摧毁，紫外线的强度因此高于正常的 50 倍，许多生活在浅水中的动物被杀死了。并且，生物的生存环境因随之而来的冰期更加恶化，大量物种遭受劫难。

你知道吗？

伽玛暴

伽玛暴又称伽玛射线暴，是来自天空中某一方向的伽玛射线强度在短时间内突然增强，随后又迅速减弱的现象，持续时间在 0.1—1000 秒，辐射主要集中在 0.1—100 MeV 的能段。伽玛暴发现于 1967 年，数十年来，人们对其本质了解得还不很清楚，但基本可以确定是发生在宇宙学尺度上的恒星级天体中的爆发过程。伽玛暴是目前天文学中最活跃的研究领域之一，曾在 1997 年和 1999 年两度被美国《科学》杂志评为年度十大科技进展之列。

直到现在，麦乐还坚持他的观点，而目前出现的越来越多的证据与他的观点相悖，发生他所描述的这种情况的可能性极小。

第二章 生机盎然的古生代

第三节 鱼类时代

热闹非凡的泥盆纪

泥盆纪开始于距今 4.17 亿年以前。在这个时期，地球上发生了翻天覆地的变化。由于北美大陆块和欧洲陆块发生碰撞，在板块相接处形成了一座巨大的山脉。

尽管现在美国西部的阿巴拉契亚山脉、苏格兰高地以及北欧斯堪的纳维亚地区的群山分属三个不同的地区，然而在泥盆纪时期，它们却是一片连在一起的庞大山脉。今天，位于澳大利亚境内的一座座高山，同样是板块碰撞的杰作。自泥盆纪起，地球上的构造板块碰撞便愈演愈烈。这场地质活动始于距今 4.17 亿年以前，频繁的板块分离、板块潜沉与板块碰撞一直持续了 6000 多万年，直至公元前 3.54 亿年才渐渐平息。泥盆纪也是地球生物发生巨大变革的时期。它见证了由鱼类进化而来的两栖类动物登上陆地，也见证了脊椎动物脱离水体最终上岸的整个过程，因此我们又将这一时期称作"鱼类时代"。

阿巴拉契亚山脉

尽管泥盆纪时期地表的某些地方还非常干燥，到处都是裸露的植被和热风吹过后掀起的阵阵尘埃。不过，当时的海平面却始终居高不下，占据了地球大部分陆地面积的两个超大陆，此时仍未浮出海面。由于海水水位依然很高，因此在泥盆纪时期，冈瓦纳古大陆和劳伦西亚古陆上到处都是纵横交错的河

菊石化石

流、小溪和星罗棋布的海岛及淡水湖泊。海洋中生活着大量生物，其中包括多骨鱼类、有颚鱼类、无颚鱼类，还有像鳗鱼一样的长蛇形无鳞鱼，以及近千种海洋软体动物。菊石是泥盆纪首次出现的诸多海洋软体动物之一，今天这种古生物的化石非常普遍，你在任何一家化石商店都能买到。在菊石那宽大的、像羊角一样旋绕的扁平硬壳中，寄居着长有触须的软体动物，这些原始生物会用鸟嘴一样的吻从海床上捉取食物，它们尖尖的长吻不会错过海底任何一处缝隙。

目前，科学家们已经发现了许多种泥盆纪生物的化石，菊石动物只是其中之一。纵观生物世界漫长而缓慢的进化过程，我们不难发现，通常在动植物死亡之后，它们的尸体都会被沙土、泥浆等沉积物覆盖。一般来讲，被沉积物掩埋的动植物尸体都会彻底地腐烂而消逝，但偶尔也会有个别动物的遗骸在腐烂过程中逐渐被矿物质所取代。经过无数个百万年之后，包裹着动植物尸体的沉积物会慢慢地变成岩石，以上就是化石的形成过程。然而，化石所能记载的早期地球生物相当有限，更多的物种并没有留下任何化石，许多软体动物由于没有硬壳保护，所以它们的尸骨早已消失得无影无踪了。因此我们所发现的化石，仅是所有已灭绝生物的一部分。尽管新的发现或许会填补时间的空白，但是现在若想建立一个地球上出现过的所有物种的图谱，似乎已经不可能了。又有谁会知道，今后在那些未开发地区的岩石层中还会出现什么样的奇怪生物呢？又有谁能保证，今天已被世人认可的那些史前生物理论，日后不会被颠覆呢？

大型脊椎食肉动物的出现，无疑是在泥盆纪的海洋中投下了一枚重磅炸弹，原本平静的大海，此时变成了残酷的角斗场，生存保卫战从此打响，

各类生物在这个舞台上上演了一幕幕触目惊心的竞技场面。体形庞大的盾皮鱼可谓是泥盆纪海洋中最出色的猎手，绝大多数鱼类都对这种脊椎动物退避三舍。这些长着坚硬的板状鳞甲的鱼类最早出现于志留纪，到了泥盆纪，虽然它们的身手

盾皮鱼复原图

已经磨炼得更为敏捷，体格也锻炼得更为强壮，但是性情却变得更加凶残了。邓氏鱼（邓克尔发现的硬骨鱼之一）得名于发现它的科学家，这种鱼体长可达五米，是盾皮鱼家族中不折不扣的"狠角儿"。邓氏鱼的颈部呈节状，它的牙齿就像两排锋利的刀片，加上有力的上下颚，可以将猎物撕得粉碎。盾皮鱼家族中也有"巨人"，论体长，它们的8米之躯，绝对可以轻轻松松地拿下"泥盆纪海洋中最大的脊椎动物"的称号。盾皮鱼家族还有其他成员，例如伪鲛，虽然它们的扁平体形颇似鳐，而其牙尖齿利却同样是盾皮鱼家族基因的遗传。也有一些盾皮鱼已经开始长出原始的"偶鳍"，它们用这对粗壮的"臂膀"搜掠海底的食物。大多数伪鲛身后都拖着一条长长的"尾巴"，不过这条尾巴看上去却很像老鼠的尾巴。

　　在这片危险的水域中，还生活着一些早期鲨鱼。由于它们和鲨鱼这一种4亿年后继续称霸海洋的危险生物长得极为相像，因此它们的出现，似乎违背了长久以来的进化公式，从而成为一个悬而未解的难题。它们的凶猛及其所拥有的原始力量等特征，无疑在很早以前就对人类造成过极大的影响。以至于长久以来，人们一直对鲨鱼抱着一种既恐惧又迷恋的态度。尽管早期鲨鱼的口鼻部位与现在的鲨鱼有所不同，但是它们的尾巴、鱼鳍、锋利的尖齿、流线型的身体，乃至身体的构造都显示出它们就是真正的鲨鱼。

　　棘鲛是泥盆纪海洋中的一种与众不同的鱼类，它们长着尖齿一样的鳍。令人难以置信的是，这场泥盆纪生存竞技的最后赢家居然是这种在数量上占据优势的小型鱼类。棘鲛在地球上生活了近1.7亿年，是智人存在时间的1000倍。但是和人类不同的是，它们似乎并不想待得这么久。和泥盆纪大部分其他鱼类一样，棘鲛先是在海洋中进化、生存，随后也开始向淡水湖泊和河流迁移。在泥盆纪鱼类的进化过程中，只有四种无颚鱼没能坚持到最后，棘鲛便是其中之一。这四种鱼不是被其他鱼类灭门九族，就是提前

退出了这场将半数以上的无颚鱼类卷入其中的生存竞争。其实当一种鱼捕杀另一种鱼时，被猎杀者往往不会被赶尽杀绝，它们的数量会保持在一个相对稳定水平。然而一场数百万年的屠杀，却足以造成一个生物种群的灭亡。

据我们所知，泥盆纪鱼类竞争中最特别的一位幸存者或许要算是一种名叫"腔棘鱼"的大型硬骨鱼了。此前，科学家们曾一度认为，这种穗尾鱼在6000万年以前就已经灭绝了。因此我们不难想象，当1938年科学家们在南非发现它时，他们的表情是多么惊讶了。科学家们以前只发现过类似鱼类的化石，但是他们万万没有想到，现在居然会捉到活的标本。腔棘鱼的相貌和化石上的那些生物如出一辙，它们长着宽大的嘴巴、光滑而坚硬的釉喷鳞片。科学家们由此认定，腔棘鱼是不折不扣的活化石。腔棘鱼和肺鱼是肉鳍鱼中仅有的幸存者，原始内鳍鱼曾经是泥盆纪一支庞大的鱼类种群。与辐鳍硬骨鱼类(今天地球上生存的大多数鱼类)不同的是，"肉鳍"，正如其名称所示意的，是从鱼类身上的肌肉"垂"或肉质圆形突出物上刚刚长出的鱼鳍。事实上，当时已经有一部分肉鳍鱼进化出像动物的手臂或腿部一样健壮的鱼鳍。这无疑又是生物进化中一次意义重大的转变，因为肉鳍鱼的后裔们的确进化出了四肢，而后又离开海洋，爬到干燥的陆地上，开始新的生活。虽然，这些既像鱼类又像四足动物的原始肉鳍鱼只能暂时生活在水中，但是它们的体内已经进化出类似肺的器官，并且已经可以呼吸空气了。这些不伦不类的"两栖动物"随即便对陆地展开突袭，不久以后，无论是海里，还是陆地上，地球上到处都可以看到它们的身影。

你知道吗？

腔棘鱼

腔棘鱼出现于3.5亿年以前，当时在地球上极其丰富。腔棘鱼化石发现于二叠纪末期(2.45亿年前)到侏罗纪末期(1.44亿年前)。腔棘鱼骨化程度较低，表现出脱离早期淡水环境而转向海洋生活方式的一般趋向。腔棘鱼长期被认为约在6000万年前即已绝灭，而1938年却在非洲南部近岸用网捕到一条现生种类——矛尾鱼。在悬赏征集之下，1952年在科摩群岛捕得第二尾。以后又在这一地区捕到另外几尾。后来发现，这类鱼已早为岛民所熟悉，其肉盐腌晒干后可吃，粗鳞用作研磨料。

第二章 生机盎然的古生代

生物的身体结构一旦发生变化，它们通常都会适应改变后的生存环境。对一个物种来说，那些长得最苗壮的，并且已经快要生儿育女的子民们肯定是最成功的适应者；而那些适应性较差的，则要面对严酷的生存竞争。随着时光的推移，适应就只剩下进化或灭绝这两种结果。生物的某些进化很可能就发生在瞬息之间。不过，那些飞跃性的生物进化或许还是要经历一段缓慢的、循序渐进的过程才能实现。科学家们认为，从鱼类到两栖动物的进化最初就是一个相当缓慢的渐进过程，此后却突然跃升到下一个阶段，即会飞的爬行动物阶段，这次飞跃被认为是生物进化的一次突然爆发。或许是因为我们至今并没有发现任何可以证明飞行爬行类动物是经历了漫长的进化过程的"过渡生物"的化石，所以我们还不能肯定这些爬行动物真的是在一个相对较短的时期内出现的。

原始四足动物在陆地上爬行的情形，的确是地球上前所未有的奇观。而志留纪出现的远古植物也都长着阔叶和木质根茎。其中一些植物居然可以长到18米，甚至更高，所以它们看上去几乎已经和现代树木非常接近了。这些原始树木逐渐覆盖了地球上的大部分土地，茂密的枝叶第一次为大地遮挡了炎热的阳光。美丽的绿色新世界中生长着繁茂的种子蕨类植物、藓类植物和沼泽植物。茂盛的植物也为节肢动物们营造出衣食无忧的生活环境。此时，地球上出现了以吃腐烂植物为生的原始无翅类昆虫。或许是因为志留纪处处生机盎然的缘故，仿佛连蜘蛛都受了感染，"出落"得越发有模有样了。它们会趁着蜈蚣、蝎子或其他小虫酣畅淋漓地大嚼植物之际，或是趁猎物在一番厮杀之后吞食对手的时候，悄无声息地靠上去，突然伸出有力的爪子死死地按住猎物，然后吸光它们的血肉。

蜈蚣

然而在经历了6000万年的风风雨雨之后，这个生机勃发的时代也画上了句号。志留纪又是在一场血雨腥风中走到了尽头，大批生物成了这段岁月的殉葬品，生物的灭绝犹如一盆冷水，浇熄了正在熊熊燃烧的生命烈焰。其实，在这段时间跨度相当漫长的地质时期，灭绝早已是屡见不鲜的惩罚了。在此期间，有不计其数的物种几乎都是在一夜之间便不复存在了。地球犹如一个创意无限的实验室，为了生命的永驻，反反复复地做着各式各样的试验。而那些所谓"失败"的试验品都会被无情地扫出试验室，好为新的试验对象提供场地。

 脊索动物之父

目前地球上生存的高等动物中，其中一大部分都是有脊椎类动物。研究有脊椎类动物，不管是研究各种器官还是它们的遗传物质，都可以从鱼类入手。在进化史上，鱼类这一物种十分特殊。鱼类同时也被称为脊索动物之父，因为它最先进化出脊索。

1. 无颌鱼类

最早的脊椎动物就是鱼类，而无颌鱼类又是最早出现的，从进化位置上看，它们应该比真正最早的鱼类还原始。没有上下颌的无颌鱼类，通过把含有微小动物和沉积物的水吸入口中来摄食，它们大部分在水里生活。之所以叫做无颌鱼类，是因为它们的身体像鱼形动物。从动物的分类上看，在鱼形总目中无颌鱼类属于无颌纲。

你知道吗？

骨板

脊椎动物、爬行纲龟的龟甲，其内层是由真皮形成的骨质板，称为骨板。由于背甲和腹甲的结构不同，骨板的形状、大小、数目也不相同。无脊椎动物中的棘皮动物也具有骨板，但由石灰质组成。组织胚胎学的骨板解释：在骨基质中，胶原纤维规律地成排排列，且与骨盐晶体和基质紧密结合，构成一定的结构。

2. 有颌鱼类

在脊椎动物进化史中，颌的出现无疑具有划时代的意义。颌的形成使得陆生脊椎动物捕食活动变成了一种主动、有效的行为。而据目前有记载的资料发现，最早的有颌类脊椎动物是棘鱼类。之所以称为"棘鱼"，是

第二章　生机盎然的古生代

因为它们的背鳍、胸鳍、腹鳍和臀鳍的前端发育有硬棘。棘鱼是从无颌类向有颌类进化的第一批动物，作出了最早的尝试，它们的内骨骼已经开始骨化，拥有原始的颌，其特征是：上颌骨已扩大无牙，而下颌发育比较完善有牙，上颌与下颌能够咬合。

有颌鱼类

虽然在泥盆纪原始有颌类盛极一时，但原始有颌类在泥盆纪末期大部分灭绝了。继而被软骨鱼类和硬骨鱼类所取代，软骨鱼类和硬骨鱼类去掉了全身的胄甲，加强了它们的游泳能力。而与此同时在进化过程中，颌与头部背甲逐渐融合，成为一体，从而变成了咀嚼器，从而更加坚固、有效。

 第二次生物大灭绝

3.6亿年前，两次短期剧烈浩劫导致了泥盆纪晚期大灭绝，它们分别持续了10万年和30万年左右。每次浩劫的产生原因都是气温突然急剧下降，在很短的时期内，泥盆纪原始海洋当时的表面温度由34℃降为26℃，面对如此强烈的气候变化，海洋生物完全不能适应。

那么海水温度的下降是由于什么原因呢？小行星撞击或火山灰使阳光的能量减弱，海水温度因而降低，这是目前比较认同的观点。

蝎子

那一时期，植物才开始生长，蜘蛛和蝎子等生物也才出现，第一代两栖生物在灾难发生前的一段时期，才开始来到陆地，而类似于腔棘鱼的古代鱼类则几乎全部消失了。科学家们认为，脊椎动物再次登陆直到 1000 万年后才逐渐有了一些痕迹，如果那些脊椎动物没有得到了幸存，无法想象现在的生物世界是什么样子。

美国路易斯安那州立大学的研究人员在摩洛哥沙漠中发现了一些有意义的东西，证实在 3.1 亿年前泥盆纪时期地球遭受撞击，海洋生物多样性几乎因此一分为二。与发生在侏罗纪 (6500 百万年前) 撞击地球时类似，泥盆纪时期撞击地球的陨石的碎片中有奇怪的磁力现象存在。

以上提到的碎片中有一些共同特性，例如镍、铬等重金属的含量高，急剧变化的碳同位素，两种名为 microsphe 和 microcrysts 的物质微粒在大气中形成，这些晶体只有激烈碰撞时才能形成。所以，人们认为历史上不仅发生过一次地球生物大灭绝。他们在不同大陆上寻找类似证据，来证明生物灭绝使全球受到影响的程度。

第二章　生机盎然的古生代

第四节 两栖类时代

提克塔利克的成功

最早登上陆地的动物并不是两栖类，但最早登上陆地的脊椎动物却是两栖类。过去，人们只知道鱼类爬上陆地进化成为了两栖类，但一直缺乏有力证据。也就是说，没有在化石中找到既有鱼类特征又有陆生动物特征的过渡物种。然而，"提克塔利克"的发现改变了这一切。

"提克塔利克"在因纽特语中的意思是"一种大型浅水鱼"。这是一种会走路的鱼，大约生活在 3.75 亿年前。2006 年，科学家在加拿大北极地区发现了这种鱼的化石，并认定这是一种大型水生动物，居住在亚热带河流冲积扇的泥滩里。身长可达 2.7 米，长有锋利的牙齿，捕食水里的鱼或陆地上的昆虫。

两栖爬行动物——鳄鱼

你知道吗？

提克塔利克

"提克塔利克"是一种"鱼足动物"，隶属于古椎鱼目。这种奇怪的"金属垫片鱼足动物"不仅仅长有鱼鳃和鱼鳞、鱼鳍，而且头骨像鳄鱼，颈部和肋骨则类似于陆地动物。而且还有四足动物的特征，如像四肢一样的鳍、肋骨、灵活的颈部和类似于鳄鱼的头部。

发现化石时，由于鱼头盖骨下部嵌在石头里，科学家们把头盖骨放到显微镜下，用针把石头晶粒一点点剔除。经过漫长的辛苦努力，终于在2008年公布了"提克塔利克"的头盖骨的内部结构。

"提克塔利克"的头部有鳃，再加上它身体上有鱼鳞，证明它确实是鱼类，但在它身上也有许多惊人发现——这种鱼有脖子。我们都知道，鱼是没有脖子的，它不需要脖子，因为身体可以在水中随意转动，但陆地生物就不一样了，它们身体不能自由转动，所以需要有一个能够转动的脖子，这一发现证明了"提克塔利克"确实是一种过渡物种。

在对"提克塔利克"的附肢进行研究时发现，它的附肢已经有了一些桡骨出现，看起来很像手指，这就为以后手掌的进化奠定了基础。

"提克塔利克"具有其同时期的原始鱼类的大多数特征，它既有肺也有鳃，并不能算是真正意义上的陆栖动物，绝大多数时间还是待在水里的。同时它又具有最早出现的主要生活在陆地上的四足两栖类动物的诸多特征。在漫长的岁月里它逐渐进化出了腕部、肘部，并最终变成了可以在陆地上行走的腿脚。这就完成了从鱼类到两栖类的进化。

两栖类刚刚登上陆地的时候，陆地上只有昆虫等一些小型动物，还是一片蛮荒之地，两栖类就在这种情况下分化出许多类群。到了石炭纪和二叠纪期间，它们种类开始变得繁多，而且许多类群中有相当大的个体，成为当时地球上最占优势的动物。虽然爬行类在石炭纪已经出现，但它们在多样性及个体大小方面还比不上两栖类，就犹如恐龙时代的哺乳类一样，爬行类在那个时期是那么不起眼，所以石炭纪和二叠纪又被称为两栖类的时代。

第二章　生机盎然的古生代

人丁兴旺的两栖类

两栖动物的最明显的特征就是：既有适应陆地生活的新性状，又有适应水中生活的性状，此性状从鱼类祖先继承而来。两栖动物中多数在水中产卵，然后发育的过程中有变态，幼体与鱼类相近，而成体即可生活在陆地。但是有些两栖动物是胎生或卵胎生，不需要产卵，而有些从卵中孵化出来就已经完成了变态，还有些终身则保持幼体的形态，各式各样，可谓五花八门。

最早的两栖动物迷齿类，牙齿是有迷齿，而牙齿没有迷齿被称为壳椎类，出现在石炭纪，但壳椎类全部灭绝在二叠纪结束时，也只有少数迷齿类在中生代继续存活了一段时间。现代类型的两栖动物滑体两栖类出现在中生代以后，皮肤裸露而光滑。

现代的两栖动物种类超过4000种，种类颇多，分布广泛，但其多样性远不如其他的陆生脊椎动物，只有3个目，其中唯有无尾目种类多，分布广。每个目的成员生活方式也大体类似，正所谓"物以类聚"，从食性上来说，除了一些无尾目的蝌蚪食植物性食物外，均为食动物性食物。

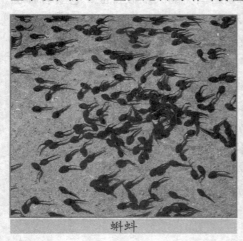

蝌蚪

然而两栖动物是低等动物，即使能适应多种生活环境，它们的适应能力远不如更高等的其他陆生脊椎动物。第一，不能适应海洋的生活环境；第二，不能生活在极端干旱的环境中。在寒冷和酷热的季节中则要冬眠或者夏蛰才能渡过。现代类型的两栖动物也有诸多特性，比如身上无鳞甲比较光滑，皮肤湿润且裸露布满黏液腺。这种皮肤有呼吸的功能，甚至有些两栖动物只靠皮肤呼吸，根本没有呼吸器官——肺。

云南两栖动物

　　由于两栖动物对环境的依赖性较强，因而其分布受环境自然条件的影响很大。西北部、北部耐低温的物种较多，如山溪鲵、齿蟾类、齿突蟾类、西藏蟾蜍、胫腺蛙、倭蛙等，树蛙科和姬蛙科的种类则少见。南部喜温润的物种占优势，如拟角蟾类、拟髭蟾类、蛙科的热带种类、树蛙科和姬蛙科的大部分种类。中部则是南北向互相渗透的过渡地带。滇中、滇东高原由于海拔高、降雨少，该地区几乎无湍蛙和树蛙分布。

最早长出脚的鱼

　　科学家相信，很久以前，有一条鱼登上了陆地，长出脚，开始走路。这是生命史上最重大的事件之一——因为那条鱼正是我们人类的祖先。不过，那条鱼是怎样长出脚的，又为什么要长出脚呢？科学家相信，所有四足动物一定都来自于一种共同的祖先。为证明这一点，他们认为只需要两种化石。首先，需要最早登上陆地行走，而且是用四只脚且每只脚都有五根脚趾头的动物；其次，需要最早长出脚的鱼，正是这种鱼变成了最早登陆行走的四足动物。找到这两种动物的化石，对它们进行比较，找出它们之间的区别，就可知道鱼为什么会长出脚来。

　　1. 发现鱼石螈

　　总鳍类的鳍的骨结构是独一无二的，类似于人类大腿和手臂的前身。特别是其中早已灭绝了的掌鳍鱼，这种总鳍类有着所有的腿骨，只缺少脚和趾。因此，科学家们提出了这样的说法，如果地球上最早出现的总鳍鱼登陆后就演化而成的

鱼石螈

动物化石能被找到，我们人类没有四肢的祖先就能找到了。

　　为了证实这一观点，一组瑞典科学家在 20 世纪 30 年代多次来到这里，

主要为了寻找第一种有腿的动物。在他们当中，一位名为埃里克·贾维克的科学家找到了最早长出腿脚（而不是鳍）的动物。这位科学家曾在生物学界最不招人喜欢，他沉默寡言、固执己见，而最终他却找到了众人苦苦追寻的东西。贾维克把这种动物称为鱼石螈。贾维克一开始着手进行的，就是想办法将这种古怪动物的解剖结构进行重建。贾维克从1948年就开始工作了，这项工作的基本分析却到1996年才完成。这期间他作了两篇能证实现行理论的论文。论文中贾维克提到，鱼石螈是有5根手指和5根脚趾的一种四足动物，它确实能在陆地上行走。所以，为什么我们会有手脚就有了答案：当带着鳍额掌鳍鱼努力登陆后，就逐渐演变成了鱼石螈这种最早的四足动物。他的言论和科学家的预测完全一致。

而有人也马上提出了质疑，认为贾维克的言论存有漏洞，由于鱼石螈与掌鳍鱼有太大差异，很可能鱼石螈并非由掌鳍鱼直接进化而来。鱼石螈作为一种四足动物，它有胸廓，盆骨与脊骨连接，肢体上也有指头和趾头，这都表明它已经完全成形。但掌鳍鱼只是一种鱼，虽然它已经长出原始的腿骨，却没有其他特征显示它在向四足动物进化。也就是说，还有一种"中间动物"存在，它能表明的确发生过从鱼向四足动物的转变。因而，这应该是一种不但能行走，而且其身体一半像鱼、一半像四足动物的"中间动物"，也就是达尔文所说的"过渡形式"。如果不能找到这种在掌鳍鱼和鱼石螈之间的"过渡形式"，我们为什么会长出腿脚这一谜底还无法彻底揭开。

2. "活化石"拉蒂迈鱼惊现

为了找到人类为何会长出腿脚的正确答案，古生物学家就致力于找到鱼和人类最早的祖先间的这样一种"过渡形式"。

1938年12月末，当时正在给南非罗兹大学一位解剖学教授当助手的拉蒂迈小姐在海边搜寻鱼标本时，在渔民打捞的鱼群中找到一条奇怪的鱼。与一般鱼（包括软骨鱼和此前已知所有的硬骨鱼）不同，这条鱼的鳍并不是直接长在身体上的，而是长在一条胳膊或类似于腿的附肢状结构上，然后这些附肢状结构再与身体相连。当意识到这条鱼的非比寻常，拉蒂迈小姐立即向渔民买下了这条鱼。因为这样结构的鱼恰恰就是四足类脊椎动物起源于鱼形脊椎动物的最好证明。

拉蒂迈小姐在教授度假回来之后将她找到的这条鱼拿给他看。这时候，这条珍贵的鱼因为盐的作用，已经脱水变干变硬，已经只剩下鱼皮和里面的鱼刺了。尽管这样，教授仍然感觉这条鱼具有重要意义，他对它进行了研究，这条鱼被他归入总鳍鱼目空棘鱼亚目。这一发现非常令人激动，因为原本被认为已经灭绝了的动物竟然还出现在了地球上，并且这还是和包括人类在内的所有四足类脊椎动物的祖先都有关系。这条鱼及其所代表的物种因而就被命名成拉蒂迈鱼，来纪念拉蒂迈小姐对科学以及人类知识宝库所做的这一重大贡献。

自此以后，空棘鱼在好几十年中一直被看作鱼和四足动物之间的"过渡形式"。但是，由于当时人们对它了解还不够深，就只是把它当作一种活化石。第一条空棘鱼在被发现后的第 13 年，第二条活的空棘鱼终于被找到了。但结果就很令人失望了，这种鱼只会游泳，并不会用鳍行走，那么可以说它仅是一条鱼，并不是"过渡形式"或"中间动物"。

3. 刺鱼石螈的发现

又过了 30 年，"过渡形式"还是没有被找到，用鳍行走，最后进化成人类有脚的最早祖先的鱼，依然没有踪影。直到 1981 年，被称为生物学界的"复仇天使"出现了。

这一年，已经完成毕业论文的金妮·克兰克刚来到英国剑桥大学动物学博物馆工作。她一直有个梦想，就是能成为"我们为何会长出脚"之谜探索队伍的一员，就在此时，她的同事告诉她机会很快就会来。这位同事拿来一名曾在 1970 年去过格陵兰的地质学的学生的一个笔记本，在笔记中，他提到尽管自己了解岩石，很不了解化石，但他在格陵兰的山上找到了大量鱼石螈化石。虽然他记载得不是很详细，却带来很大的启发。因为在当时，世界上只有贾维克找到的鱼石螈化石。金妮看到这个比较，马上就决定前往格陵兰。到了那里以后，金妮两个星期都没有找到那位学生所说的地方。她觉得自己可能找错了地方，就在这时，惊喜出现了，她吹开覆盖在地面的尘土，一副头骨的一部分赫然出现在她眼前。

虽然金妮的这副头骨并非鱼和四足动物之间的"过渡形式"，却是极难得的发现。她发现的这类动物叫刺鱼石螈，是另一种泥盆纪的四足动物。刺鱼石螈与贾维克发现的鱼石螈不同，但它们的祖先明显相同，所以也和人类有关。刺鱼石螈是目前生物学界发现的第二种泥盆纪四足动物。金妮将找到的十多块刺鱼石螈化石带回剑桥，她此次旅行的真正意义到了 1990 年才体现出来。当时，金妮已经放弃的刺鱼石螈化石样本被她的一名同事拿来分析，他本以为刺鱼石螈应该是有 5 根手指，结果当他准备挖出岩石中的刺鱼石螈的"手"时，他却找到了 8 根手指，这令他很吃惊。他再次确认了，他找到的刺鱼石螈的一只手上的指头的确就是 8 根。也就是说，所有教科书上写的最早的四足动物有 5 根手指是错误的。

金妮和她同事的发现意味着，我们必须重新进行探索有关"我们为何长出、又如何长出四肢"的问题。现在，虽然从鱼向四足动物的"过渡形式"还没找到，现在科学家不仅要找到这个"过渡形式"，他们还需要重新回答一系列问题，例如"我们为何会长出四肢"，为什么会有动物需要脚，但脚却并非用来走路？

 ## 第三次生物大灭绝

距今 3 亿年左右的二叠纪，地球经历了数十亿年的演化之后成了生命的乐园。二叠纪时期的海水温暖而清澈，有很多小生命生活在其中，例如珊瑚虫、苔藓虫、有孔虫、海绵等等。这些小生命在海洋中繁衍生长，在长达数千万年的时间里，创造了一个生命奇迹——超大面积的海洋生物礁。

苔藓虫

生物礁

生物礁是在各个不同的地史时期由各种生物遗体所形成的礁体的通称，其中，也包括人们熟悉的珊瑚礁。在现代科学技术日益发展的形势下，古老而陌生的"生物礁"正在引起人们越来越多的重视。近年来，我国科学家经过艰苦的工作，发现了大量的生物礁。例如，在川东地区发现的地面生物礁 12 个，地下潜伏礁 5 个，其中蕴藏着丰富的天然气资源，有的仅日产量就可以达到 100 万立方米以上。这些油、气田被充分开发利用后，将对我国经济的发展起到积极的作用。

在二叠纪时期的陆地上，森林、草原密布，各种奇树异草随处可见，到处都是郁郁葱葱的繁盛景象。随着生物多样性的进一步发展以及受不同环境的影响，陆生植物在全球范围内形成了四大植物地理区。在这些二叠纪的蕨齿类、木本石松类植物中间，飞舞着各式各样的昆虫，它们大多跟我们今天看到的蜻蜓、蝗虫、蟑螂和甲虫一样；在森林、草原和沼泽，也随时可以看到各种各样的大型动物生活其间，它们大多 2~3 米长，有的甚至能达到 5 米以上。

这种欣欣向荣的景象持续了几千万年，一直持续到 2.5 亿年前，也就是二叠纪的末期，却发生了巨大的变化。科学家们发现众多的动植物化石在二叠纪末期的地层中突然奇迹般地全部失踪。也就是说，之前我们描述的那些热闹的生物礁、茂密的植物、飞舞的昆虫和各种大型动物，在这个时期一下子从地球上消失了。地球不再是生命的乐园，大部分生命在短时期内荡然无存，只剩下极小部分的生物在苦苦挣扎。据科学家统计，有多达 95％的海洋生物和 70％的陆生脊椎动物在二叠纪末期惨遭灭绝，即便

蜻蜓

是人所共知的白垩纪"恐龙灭绝"事件，其规模也仅仅相当于这次灭绝事件的 1/3。

那么，究竟是什么导致了这次地球生命"大清洗"事件呢？科学家们运用各种手段对二叠纪末期的岩石进行研究，挖掘其中蕴藏的信息，以获悉当时到底发生了什么。

第三章 群雄并起的中生代

　　说到中生代，我们首先想到的应该是史前霸主——恐龙，的确，中生代是恐龙的时代。但是中生代除了我们所熟悉的恐龙之外还有很多动植物，爬行动物在这个时候也很盛行，天空中还出现各种各样的鸟，裸蕨已经进化成了裸子植物，可以说中生代是个群雄并起的时代。

第一节 爬虫盛世

地球新主人

自二叠纪末期大闹一场之后，活跃的地球构造板块便一直伺机勃发，到了三叠纪，它们先是在古大洋的海床下蠢蠢欲动，最后终于将这片覆盖了近半个地球的水域的底部撕开了一条巨大的裂缝。虽然彼此远离的构造板块将这道裂缝越扯越大，可是从熔融状地幔中溢出的滚烫熔岩又会不断地将缝隙填满。由于构造板块载着巨大的泛古陆缓缓地向北漂移，因此赤道地区的气候就变得更加炎热、干燥。三叠纪始于距今2.48亿年前，结束于2.06亿年前，延续了约5000万年，在此期间，整个地球的气候和地质构造都发生了巨大的变化。尽管三叠纪时期，地面的平均气温明显高于现在，但当时海平面的升降，也是造成泛古陆各地区之间气候差异的主要原因。在阳光普照的温暖海域中，不仅栖息着新一代的珊瑚虫，还生活着千姿百态的硬骨鱼类。在出土的三叠纪海洋生物化石中，有一些保存得相当完好，化石上生物的骨骼既清晰又完整，就好像那些远古生物自己游到了岩石上一样。三叠纪时期，海洋

海洋软体动物

中的头足动物和软体动物不但数量猛增，其种类也由最初的两三种增加到一百种之多，而这一时期的海螺和菊石，更是将海洋生物的多样性发挥得淋漓尽致。

　　或许是因为在水中可以捕到更多猎物的缘故，许多爬行动物又一次回到水中栖息。在这些爬行生物中，最著名的莫过于幻龙（又称伪龙）和鱼龙了。曾有人将幻龙和鱼龙归入海生恐龙之列，但事实上，它们和恐龙却是非亲非故。幻龙的体长可达3米，长着一条细长的脖子和两对巨大的鳍足。鱼龙则可以长到23米。除体型巨大之外，它们的长相酷似现在的海豚。和海豚一样，鱼龙的身体也呈现出平滑、流畅的曲线，同时长有一副有力的鳍状肢，一个背鳍和一个长长的、有着细小牙齿的喙状吻。我们将这一现象称作趋同进化，即不同的生物，甚至在进化时间上相距甚远的生物，如果生活在条件相同的环境中，在同样选择的作用下，有可能产生功能相同或十分相似的身体结构，以适应相同的条件。例如现在的鲸、海豚等海洋哺乳动物，尽管它们和鱼类的血缘关系很远，但是形态却十分相似，这就是所谓的趋同进化。鱼龙还有一个重要特征与海豚非常相似，它们同属于胎生动物，雌性鱼龙会直接将胎儿产于水中。而三叠纪出现的其他水栖食肉动物，如内卡龙（又名内卡河蜥蜴）、狂齿鳄（属于植龙

海洋哺乳动物——海豚

类）等则属于卵生动物。这些大型水栖古爬行动物被通称为"祖龙"，这个名字源自英文中"Archosaur"一词，意思是"统治史前的大蜥蜴"。除鳄鱼以外，祖龙类中还包括内卡龙、狂齿鳄等长有长吻、利齿及短小四肢，外形酷似鳄鱼的爬行动物。

你知道吗？

海洋杀手

　　幻龙是远古时期鳍龙类的一种，（其他鳍龙类包括蛇颈龙类和盾齿龙类），属三叠纪时期动物，距今达2.43亿年，它们体型大小不一，最小的只有36厘米，最大的长达6米，长有锐利的牙齿，捕食各种鱼类，

第三章　群雄并起的中生代

地球生物的明天…生物进化

是著名的"海洋杀手"，也是最古老的海洋爬行动物之一。幻龙与蛇颈龙十分相似。和蛇颈龙比起来，幻龙的身体小且纤细，还不能完全适应水里的生活，可以在岸上做长时间停留。

离椎亚目是原始两栖动物中最大的一目，自石炭纪一直到三叠纪均十分常见。它们生活在水边，以捕食陆地和水中的猎物为生。乳齿螈是三叠纪常见的一种两栖动物，它们喜欢生活在湖畔、池塘边及沼泽湿地周围。乳齿螈是一种大型的两栖动物，体长可达两米左右，长长的吻部向前突出、头骨非常坚硬，以鱼类及小型陆生动物为食。

 ## 百家争鸣的三叠纪

三叠纪是祖龙的天下，而其中名气最大的则是被人们称作鹰龙的一种大型四足动物，它全身长满坚硬的鳞片，好像披着一层厚重的铠甲。

有角鳄也是三叠纪时期小有名气的四足动物之一，它属于恩吐龙类中比较特殊的一类。它不但全身上下覆盖着沉重的骨质甲片，肩背部还长着用来防身的巨大壳针，虽然有角鳄和性情残暴的植龙类是近亲，但是叶状的牙齿则显示出长相凶猛的有角鳄其实是食草类爬行动物。它们以蕨类植物和苏铁植物等为食，那些容易被洪水淹没的平地是有角鳄钟爱的栖息地。在涝原或漫滩之上，还有另一群长着獠牙的食草动物与有角鳄毗邻而居，它们就是喙头龙。喙头龙行动缓慢、体形矮胖，因此它们在地上吃草的时候，很容易成为裸热龙的攻击目标。体形庞大的裸热龙是三叠纪时期最凶残的食肉类恐龙，有些体长甚至可以达到 10 米。众所周知，那些极具杀伤力的恐龙都拥有两种致命武器——利如快刀的尖齿和强健有力的颚部，称霸四方的裸热龙当然也离不了这两样法宝。不过它们也有自己的"独门绝学"——健硕发达的四肢，裸热龙的奔跑速度非常快，任何猎物都逃不过它们的"追杀"。

尽管，恐龙只是祖龙超目中的一支，但最终它们还是毫不留情地击败同宗同族的其他亲友，成为统领中生代动物的无冕之王。恐龙一词源自古希腊语，意思是"恐怖的蜥蜴"，虽然这个通称不太贴切，不过它们之中的确不乏凶神恶煞之辈。最早的恐龙其实比现在的大型犬还要小些，不过它们的身材却是与日俱增。鱼类、爬行动物、鸟类和哺乳动物，最初也都是一副"娇小玲珑"的样

恐龙都是用尾巴来保持平衡的

子，一旦当某一个物种的成员数量开始迅速增加，其长相、体态也随即呈现出"个性化"的变化趋势。受此影响，个别成员身材猛增，似乎在一夜之间便蹿成了"巨人"。看来在生物界，"拔苗助长"好像只是司空见惯的平常小事。到三叠纪结束时，有些恐龙的体长已达 6 米甚至更高。中生代的地球上到处都可以见到恐龙的身影。它们有的迈着矫健的步伐，昂首挺胸地大步前行，将崇山峻岭抛在身后；有的却拖着沉重和缓慢的脚步，亦步亦趋，仿佛在浏览身边的风景，久久不愿离去。它们之中既有两条腿的，也有四条腿的；有靠脚走路的，也有"手"脚并用的，但所有恐龙都是用尾巴来保持平衡的。

原蜥脚类是早期恐龙中体型最大的。这些"素食主义者"各个都长着一条长长的脖子，或许是为了更好地撑起庞大的身躯，它们之中的绝大多数都是四足着地。原蜥脚类还创造了多项首开先河的壮举，首先，它们高"龙"一等，只是站在地面上就可以吃到高处的树叶了，它们大概是脊椎动物身高最早蹿升至"高海拔地区"的生物了。其次它们"心宽体胖"，其体重足以和现在的大象相匹敌，它们也是脊椎动物中出现的第一批"吨位级"重量选手。

在三叠纪出现的众多小型恐龙之中，腔骨龙是一种早期的兽脚亚目食肉恐龙，这种恐龙的捕猎习惯与犬科动物十分相似，它们喜欢成群结队地围捕猎物。虽然它们体型不大，但是性情却极为凶残。科学家们曾在成年腔骨龙化石的胃中发现幼年腔骨龙的骨骼化石，因此我们推测，有时嗜杀成性的腔骨龙甚至会吃自己的同类。

腔骨龙

第三章　群雄并起的中生代

然而，最让人觉得好奇的还是那些飞行爬行类动物。有些爬行动物不但长着可怕的嘴和牙齿，还长着一对像翅膀一样的器官，这种身体构造显然是用来飞行的；而另一些爬行动物却只能进行短距离的滑翔，但在滑翔时，它们长长的后肢会直挺挺地伸向后方。在种类众多的中生代飞行爬行类动物中，翼龙的名号是最响亮的。这些三叠纪飞行能手们的奇特之处就在它的双翼上，它们身体前端的爪子已经退化，长长的爪子上各有四个指骨，前爪与前肢共同构成飞行翼的坚固前缘，支撑并连接着身体侧面和后肢的膜，形成能够飞行的像鸟类翅膀一样的翼膜。皮状的翼膜不但非常薄，并且十分柔软，翼膜内没有骨骼支撑，只有纤维分布，翼龙就是靠这样的皮膜在天空中飞翔。翼龙还长有长长的尾巴，尾巴可以帮助它们在飞行时保持稳定。它们的脑袋也不小，如果一只翼龙面对着你俯冲下来，光是它硕大的喙部和那对凸出的大眼睛，就会让你胆战心惊。翼龙的体型大小差异很大，最小的形如麻雀，最大的翼展甚至可以达到 2.5 米。加上满口锋利的牙齿，它们简直就是飞在天上的恐龙。

　　除爬行动物外，三叠纪时期地球上生活的动物还包括前面章节中提到的下孔型似哺乳爬行动物，这类生物的出现时间要追溯到石炭纪。犬齿类(Cynodonts)是下孔型似哺乳爬行动物之一，外形很像狗，体长超过一米，长有锋利的圆锥形牙齿。犬齿类全身都长有毛发，且体型不大，很可能是后来地球上最重要的新成员——哺乳动物的直系祖先。最早出现的哺乳动物无论是长相还是习性都很像老鼠，它们的长鼻子会像老鼠一样动个不停，而且不但会在地下打洞，还喜欢在夜间活动。对于这些毛茸茸的小动物们来说，在危险的远古世界中，夜晚或许要比白天安全得多。和身高马大的

翼龙

恐龙相比，这些早期哺乳动物无疑如蝼蚁般脆弱，因此它们也只能吃些昆虫来果腹。虽然，当时的甲虫和蟑螂都是早期哺乳动物的捕食对象，但是你千万别小看它们，如今地球上生活的这些昆虫可都是它们的后代子孙。别看它们貌不惊人，这些小小的昆虫可是地球上最古老的物种之一，它们伴随着地球走过

了无数的风风雨雨，创造了这个星球上的一项生命奇迹，54 次生物大灭绝都没有打垮它们顽强的求生意志，从它们身上可以看到在极端环境中生命的坚持与不懈。

首座城市

在三叠纪时期，陆地上首次出现了一个个小"城市"，每个城市中居住着成千上万的"市民"——白蚁。沼泽边、潟湖旁、茂密的针叶林中以及南美杉的树荫下，到处可以看到它们忙碌的景象。只见这些微小生物"大兴土木"，一座座"气势恢弘"的城堡拔地而起。在这片远古的土地上，我们还可以看到另一些熟悉的身影，一种酷似青蛙的生物首次出现在三叠纪的生物大擂台上，鳄鱼的祖先也初露峥嵘，就连海滩上也是一个熙熙攘攘的热闹场面。海龟率先浮出水面，它们最先看上那里柔软的细沙，所以从那时起一直到现在，它们的子子孙孙都诞生在这只金色的摇篮中。帝王蟹也不甘示弱，它们紧随海龟之后登上沙地。

白蚁

三叠纪大灭绝

三叠纪灭绝事件是显生宙五大灭绝事件之一，发生于三叠纪与侏罗纪之间。这次灭绝事件的影响程度遍及陆地与海洋。在海洋生物中，有 20% 的科消失，许多种类的菊石、双壳类和牙形石灭绝了；许多大型镶嵌踝类主龙、大部分兽孔目以及许多大型两栖动物也灭亡了。三叠纪灭绝事件使当时至少 50% 的物种消失。这次灭绝事件造成许多空缺的生态位，使恐龙能成为侏罗纪的优势陆地动物。此次灭绝事件发生于盘古大陆分裂前，经历时间不到 1 万年。

第三章　群雄并起的中生代

第二节 史前霸主

恐龙崛起

中生代是属于恐龙的。至今，好像没有任何一个时代能与恐龙时代相媲美。设想一下，在地球广袤的陆地上，不计其数的巨型恐龙在奔驰着，那是多么壮观的景象。

中生代的源头是三叠纪，但在这里必须先提到二叠纪。假设没有二叠纪的消亡事件，也许就不会出现三叠纪的恐龙兴盛发展。

受到二叠纪生物灭绝的影响，直到进入三叠纪数百万年以后，地球上的生物才呈现出复苏状态。当时，陆地上最先繁盛起来的是节肢动物，它们开始向多样化演变，蜘蛛、蝎子、马陆、蜈蚣等各类群体迅速发展起来。昆虫类种群也不甘示弱，奇奇怪怪的昆虫盘踞在地球的天空，它们劫后逃生，比以前更加繁荣，再也没有受到后来所发生的灭绝事件的影响，一直繁衍至今。幸运脱险的似哺乳类爬行动物也当仁不让，迅速发展起来，可惜的是，它们又逐渐被翼龙、鳄与恐龙的祖先——祖龙类所取代。

马陆

生物的繁衍离不开生存空间，像恐龙这样的大型爬行动物，则需要非常广阔的空间。

三叠纪正好为恐龙提供了巨大的陆地空间。三叠纪时期的大陆是一个连在一起的超级大陆——"盘古大陆"，其中北部的陆地称为"劳拉西亚古陆"，大约是由现在的北美洲、欧洲及亚洲的大部分地区组成；南部的陆地称为"冈瓦那古陆"，主要是由现在的非洲、阿拉伯、印度、澳洲、南极洲及南美洲组成。陆地的中央圈起了一个广阔的海洋，称为"古地中海"，陆地以外的部分则是一望无垠的海洋。

恐龙繁盛

侏罗纪初期，地球气候终年温湿适宜，不但植被繁盛、草木青翠，同时也为恐龙营造了良好的栖息环境，崛起的恐龙家族自此迈入黄金时代，它们不但繁殖迅速、数量大增，而且模样、身材也出现了各式各样的变化。侏罗纪时期，地球物种表现出的多样性以及数量的激增可能远远超乎我们的想象。或许在大多数人的想象中，侏罗纪时期的地球就像是世外桃源：一片安静祥和的森林，远处偶尔传来几声梁龙的嘶鸣，但事实大概并非如此。如果你有幸回到侏罗纪，可能会觉得那时的地球和现在一样拥挤不堪，天上飞的、地上跑的、水里游的，各种生物熙来攘往，摩肩接踵，好不热闹。当然，你也不会觉得遗憾，你会看到有史以来地球上最大的恐龙——它们站起来，要比五层楼还高；你还会看到一些身长不足半米的恐龙，以飞快的速度在大地上狂奔。

梁龙的体长差不多可以长到 27 米，想想看，就算是三辆伦敦红色双层公交汽车纵向排列在一起也没有这么长。虽然它们的四条粗腿每个都有一座小房子那么壮，不过却长着一根纤细的长脖子和一条末端很细的长尾巴。但是作为一种食草动物，梁龙的脖子或许有过长、过粗之嫌，所以它们的头部不能抬得很高，也正是因此，低矮的蕨类植物才成为它们最钟爱的美味。蜥脚类恐龙一向是以极为庞大的身躯而闻名于世的。身为巨人家族的一员，地震龙当然也绝非泛泛之辈，仅从它们的名字就可略知一二——其拉丁文名字的含意便是"震撼大地的蜥蜴"。说来你也许不会

第三章 群雄并起的中生代

相信，成年地震龙的体长可达 34 米，体重则超过 30 吨，连梁龙见了都要退避三舍。数亿年的进化历程带给爬行生物的不仅仅是身形及体重的变化，当历史的时钟指向侏罗纪，这些徜徉于森林中的庞然大物，甚至已经可以用"抑扬顿挫"的呼喊声召唤自己的同伴了。在此之前，地球上的海洋生物及陆地生物只能发出单一的声调。一直以来，人们在研究恐龙的时候总是忽略了它们的叫声，值得注意的是，自从生物从海洋迁至陆地生存，地球便不再宁静。可以肯定的是，侏罗纪时期至少有一些恐龙的叫声很可能已经发展为多个声调，每个声调都代表一种意思——有的表示愤怒，有的表示警告，有的是向对手提出挑战，有的是向配偶表达爱意，它们就是通过这样的方式彼此交流、增进感情。那时的森林中除了昆虫的嗡鸣，还回荡着各种动物发出的近千种叫声。

侏罗纪那温暖的气候以及肥美的植被，也滋养了另一种蜥脚类恐龙。由于这种恐龙的前肢极大，因此被人们称作"腕龙"（意思是"有武装的蜥蜴"）。虽然它的后肢同样又粗又大，两条腿就像骨肉搭成的两根巨大立柱，仅大腿骨的长度就超过两米，不过它的前肢还要更长一些。和梁龙一样，腕龙也属于食草类恐龙，而且也有一根长脖子，成年腕龙可以长到 25 米，发育正常的成人和它比起来，充其量也就是个"侏儒"，站起来还不及它的腿高。

侏罗纪初期，地球上生活着一些食肉类恐龙，其中就包括头上长有两片头冠的双棘龙。目前，科学家们还不清楚双棘龙头上的高棘究竟有哪些用途，但他们认为，这些高棘可能是用来吸引异性的饰物或是用来吓退对手的伪装。双棘龙属于兽脚亚目食肉恐龙中的角鼻龙下目，最大的双棘龙体长可以达到 7 米。

你知道吗？

双棘龙

我国恐龙考察队在接近昆明市的晋宁盆地部禄丰组地层中，发掘了一具几近完美无缺的兽脚类恐龙骨架。它的面貌与发掘于北美洲、亚利桑那州北方的双棘龙极为神似。棘龙的第一个标本原先是由古生物学家 Samuel Paul Welles 于 1943 年夏天发现的。当时被认为是斑龙的一个种，魏氏斑龙。1970 年，Samuel Paul Welles 重回发现处测定该地的年代，并发现了一个新的标本。这个新标本具有明显的两个冠饰，它才被确认是独立的一个属。

随后，侏罗纪还出现了巨大的食肉类恐龙。其中，巨齿龙是科学家们最早发现的恐龙之一，早在 19 世纪之初，科学家们便被这种不可思议的史前"蜥蜴"所蛊惑。巨齿龙是兽脚亚目中的一种硬尾食肉恐龙，和其他早期食肉类恐龙一样，它们也是两足行走，因此后肢高大粗壮，前肢短小，每只手上有三指，指尖长着锋利的爪子，不费吹灰之力便可将猎物撕成碎片。到了侏罗纪，恐龙这种捕猎机器已经出现了许多变化。有些体型轻巧、行动敏捷；有些则体型庞大，行动笨拙。在它们之中，有一种名叫"异特龙"的巨型食肉恐龙，它们喜欢猎杀大型食草类恐龙，捕猎时总是一拥而上，强壮有力的上颚和一颗颗巨大的牙齿，仿佛组成了一排排白色的利斧，遇到皮肉再厚重的猎物也能一劈到底。

剑龙的背上耸立着一块块巨大的骨质板，尾巴末端还长着四根长剑般的棘刺，这身行头看似威猛，但在异特龙面前却常常不堪一击，多少"披挂上阵"的剑龙最后还是被异特龙擒来祭了五脏庙。其实剑龙的骇人外表只是一种假象。据科学家们考证，这些骨质板很可能是剑龙用来控制体温的身体器官。剑龙有着又厚又硬的皮肤，而且为了保护关键的咽喉部位，

剑龙

其脖颈处的皮肤里而还长着几排卵石状的骨头。此外，剑龙的尾巴短平有力，当它遇到食肉类恐龙的攻击时，会迅速地转动巨大的身体，将尾巴末端那四根一米多长的棘刺对准敌人。仅凭剑龙身上的这副"铠甲"，就足以证明恐龙生活的世界有多么的恐怖了。

因此为了逼真地再现恐龙世界那种剑拔弩张的压迫气氛，无论在图片里还是在展览中，你几乎看不到悠然自得的恐龙，它们不是被摆成一副咄咄逼人的攻击架势，就是被做成一种怒目而视的防御姿态。为了表现食肉类恐龙的凶狠，攻击者一般都要血口大开，因为只有这样，人类才能看到它们嘴里那一近排排匕首般的尖牙；而且还要用带有攻击性的姿势，扬起镰刀般的长爪子。

事实上，杀戮与逃亡只是恐龙故事的上半部分。近年来，随着对恐龙研究的不断深入，科学家们已经清楚地认识到：其实侏罗纪时期的许多恐龙都过着温馨祥和的集体生活，在群居的同时，它们也能享受到天伦之乐。食草类恐龙喜欢结伴而行，这样既可以保障自身安全，又能互相帮助。而一些兽脚亚目食肉恐龙则选择了"集体宿舍"式的栖息方式，它们会将所有的卵集中安置在一个安全的地方，并且有"专职人员"负责孵化。

 集体失踪

白垩纪是恐龙生活的最后一个纪。当时在空中，翼龙展开双翼达12米。陆地上，恐龙占统治地位，其大小和形状超出了以前的所有类型。植食性恐龙长到100吨重，肉食性恐龙的体长达到12米以上。然而，不知什么原因，它们在6500万年前很短的一段时间内突然灭绝了，今天人们看到的只是那时留下的大批恐龙化石。

现在让我们看看这些消失的恐龙家族的成员吧。

1. 鼠龙

鼠龙主要生活在三叠纪末期，现今阿根廷境内，顾名思义，鼠龙的意思是"老鼠蜥蜴"，这样对它命名是由于考古学家发现了几具处于发育期的幼年鼠龙，它的体型非常小。考古学家挖掘发现的鼠龙骨骼中最小的仅有20厘米长，这是迄今世界上发现的最小恐龙骨骼。然而，其成年体可

单脊龙模型

成长至 5 米，体重可达到 120 千克。

科学家们仔细地对比了鼠龙的幼年体和成年体之间的差别，幼年体长着较大的头部，大眼睛，其嘴部呈圆形。而成年体，其头部和眼睛按身体比例相比则较小，嘴部突出延长。鼠龙主要以植物和小型脊椎动物为主食。

2. 单脊龙

单脊龙生活在侏罗纪中期，于中国境内挖掘出土，1981 年，单脊龙在中国新疆盆地被挖掘发现，这种恐龙体长达到 5 ~ 6 米，高 1.5 ~ 2 米，体重达到 500 千克。它们以蜥脚龙和大型脊椎动物为食。

3. 始祖鸟恐龙

始祖鸟生活在侏罗纪晚期，于德国境内挖掘出土。它们是迄今发现的最古老、最原始的鸟类，它们的确生活在恐龙时代，很可能是恐龙向鸟类进化的关键环节。始祖鸟恐龙体长 30 ~ 46 厘米，高 15 厘米，体重为 1~3 千克。它们主要吃蜥蜴、小型哺乳动物和昆虫。

4. 顾氏小盗龙

顾氏小盗龙生活在白垩纪中早期，于中国境内挖掘发现，这种顾氏小盗龙可能是目前中国境内发现的最具代表意义的长羽毛恐龙。在巨型恐龙生活的时期，这种小型恐龙体长只有几十厘米长，体重不超过 4.5 千克。这种长着羽毛的恐龙将有助于科学家理解恐龙是如何进化成鸟类的。顾氏小盗龙主要以小型动物和昆虫为食。

5. 恐爪龙

恐爪龙生活在白垩纪中早期，于美国境内挖掘发现。1964 年，考古学家挖掘发现像鸟一样的恐爪龙是古生物学上的一项革命性事件，它属于兽脚亚目食肉恐龙。之前科学家们认为这是一种行动缓慢、呆滞的恐龙物种，它是恐龙物种进化

恐爪龙

缺陷的表现，由于它的原始而简单的生活方式导致了该物种的灭绝。但是考古学家约翰·奥斯特姆的观点改变了科学家们对恐爪龙的理解，奥斯特姆称这种恐龙并不是行动缓慢、呆滞，相反它们是动作灵敏，对生态系统构成威胁的恐龙。同时，恐爪龙的考古研究意义很重大，由于它非常类似于鸟类，考古学家认为它是恐龙和鸟类之间进化过渡的必要环节。恐爪龙体长 3 ~ 3.5 米，高 1 米，体重在 80 ~ 100 千克之间。

6. 华阳龙

华阳龙生活于侏罗纪晚期，于中国境内挖掘出土。华阳龙被认为是一种保留了完整骨骼的恐龙，幸运的是它完整地保留了头骨。科学家分析结果显示，华阳龙与剑龙具备类似的骨骼结构，比如延伸的椎骨可以表现出它的勇气，同时可当作防卫之用。华阳龙体长 4.5 米，1.5 米高，重 900 ~ 1000 千克，它们是素食主义者，主要吃低灌木和蕨类植物。

霸王龙模型

7. 霸王龙

霸王龙生活在白垩纪末期，于美国境内挖掘发现。它是恐龙世界中无可争议的霸主，在恐龙考古学上，霸王龙是科学家们研究分析最频繁的物种。它的体长达到 12 ~ 13 米，体重为 7 吨，在恐龙时代末期统治着北美洲平原。霸王龙主要以鸭嘴龙和角龙为食。白垩纪时，出现了新的巨型肉食性恐龙。

它们都有强有力的上下颌，前肢短，后腿长。最后的巨型杀手就是最聪明且最强有力的凶暴霸王龙。但在这之前的 3500 万年，北非和南美生活着更大的恐龙杀手。

8. 巨霸龙

所有肉食性动物中最大的是巨霸龙。这种产于阿根廷的恐龙体长超过 12 米，重达 10 吨。它比最大的凶暴霸王龙还要重，相当于一辆小型客车的重量。凶暴霸王龙是它生活的世界里最大的动物之一，而巨霸龙则吃比它自身大许多倍的植食性恐龙。

9. 阿基罗龙

阿基罗龙是 7000 万年前生活于美国西部的长角的植食性恐龙。当蜥脚类恐龙继续在地球上许多地区吼叫时，鸟臀类恐龙进化出新的类型。带甲的恐龙长到坦克那么大。角龙也是如此，如北美洲的三角龙和阿基罗龙。

阿基罗龙化石

10. 盗龙

盗龙是白垩纪时期出现的一类新的致命的捕猎动物。这些恐龙的大小从卷毛狗到卡车那么大，但都有尖利的牙齿，每只手脚上还有致猎物于死地的弯爪。盗龙意为"盗贼"，是种兽脚亚目恐龙，生存于早白垩纪的澳大利亚。盗龙最早是在 1932 年，由德国古生物学家休尼根据他所发现的单一骨头来命名的。

 ## 第五次生物大灭绝

关于白垩纪灭绝事件的形成原因，科学家们现已提出多个理论。提出的这些理论中，大部分认为是撞击事件或是火山爆发，有的还认为这两者都是其成因。2004 年，有科学家想提出一个灭绝性理论，将火山爆发、海退以及撞击事件等多重原因都包含在内。这一理论认为，陆地与海洋生物群落由于白垩纪晚期的海退事件，其栖息地开始改变或消失。当时最大的脊椎动物——恐龙在环境改变的影响下，多样性遭受衰退。当时是火山爆发，喷出的悬浮粒子令全球气候变冷变干。最后，撞击事件发生，食物链没有了光合作用而崩溃，已经衰退的陆地食物链与海洋食物链也遭受冲击。这样多重原因理论和单一原因理论不同，单一原因很难引发大规模的灭绝事件，灭绝规模之大也不能用单一原因来解释。

你知道吗？

浮游植物

浮游植物是一个生态学概念，是指在水中以浮游生活的微小植物，通常浮游植物就是指浮游藻类，包括蓝藻门、绿藻门、硅藻门、金藻门、黄藻门、甲藻门、隐藻门和裸藻门8个门类的浮游种类，已知全世界藻类植物约有4万种，其中淡水藻类有2.5万种左右，而中国已发现的（包括已报道的和已鉴定但未报道的）淡水藻类约9000种。

虽然白垩纪灭绝事件使许多物种都灭绝了，但此次灭绝的演化支或各个演化支内部，灭绝程度有着明显的差异。在白垩纪晚期，像现在一样，依赖光合作用的生物例如浮游植物与陆地植物等构成了食物链底层。证据显示，由于草食性动物所依赖的植物衰退，其数量也在减少，顶级掠食者（例如暴龙）也受到连串性的影响。

暴龙

鸟的祖先是谁

第三节　美化了的爬行动物

第三章　群雄并起的中生代

鸟类的诞生，这是动物进化史上至关重要的演变之一，自此，爬行动物不再局限于陆地上，迎来了广阔的天空时代。

你知道鸟类的祖先吗？它就是始祖鸟。

1861 年，考古学家在德国巴伐利亚省的侏罗纪石灰岩中发现一具始祖鸟化石，它大小如乌鸦，嘴里长着牙齿，前肢三块掌骨彼此分离，指端有爪，有一条由 21 节尾椎组成的尾巴，骨骼内部尚未形成气窝。

始祖鸟化石

由此看来，这只鸟跟爬行动物非常相似，但它不仅生长着羽毛，而且已经明显长出了初级飞羽、次级飞羽、尾羽和复羽，这些全都是今天的鸟类所具备的特征。

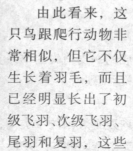

还有的始祖鸟在一些骨骼形态上也存在鸟类特征，如它的第三掌骨与腕骨结合到了一起，但第二掌骨和第一掌骨则没有结合。科学家认为，始祖鸟的这种特征正反映了鸟类掌骨部愈合成腕掌骨的开始。

因为始祖鸟是在爬行类的特征基础上演变、发展起来的，所以人们将鸟类戏称是"美化了的爬行动物"。

那始祖鸟究竟由哪一类爬行动物演变而来的呢？对于这个问题答案，各有不同。

因为始祖鸟的骨骼结构与虚骨龙类中的食性兽脚类恐龙十分相似，所以有人认为始祖鸟应该起源于虚骨龙类，并大胆推测如今的鸟类所具备的高代谢水平是从恐龙中延续而来的。

一些人认为，始祖鸟进化出羽毛，并不一定与飞行有关，这种现象在原始的兽脚类恐龙中已普遍存在。因此对于这个问题，目前还没有很确切的答案，但有一点可以肯定，始祖鸟完全可以在空中滑翔。但是，由于始祖鸟还存在着爬行动物的特征，它适应飞行的各方面构造并不完善，所以只限于在低空滑翔。

 形形色色的鸟

真正鸟类的出现与繁殖是在白垩纪时期，至今地球上的鸟类共分为三个亚纲：

1. 蜥鸟亚纲

由始祖鸟和反鸟组成的一支消失的单系类群，同时包括孔子鸟和华夏鸟，它们与现代鸟类的关系不近。

2. 反鸟亚纲

生活在白垩纪，口内残存牙齿的一类鸟，因其肩胛骨和鸟喙骨的连接方式与现代鸟类的相反，因而命名为反鸟类，代表品种属有中国鸟、华夏鸟、长翼鸟等。

华夏鸟化石

3. 今鸟亚纲

是相对于蜥鸟亚纲而被建立的一个鸟类分类单元，包括晚白垩世的鱼鸟、黄昏鸟和所有现代鸟类的祖宗。

如今地球上鸟类又可分为3个

总目：

1. 平胸总目

是体型最大的一类鸟类，常在陆地上奔走生活。这类鸟仍旧保留着原始鸟类的特征，如羽翼退化，胸骨上没有龙骨突起，羽毛没有无羽区及裸区之分，羽枝上不能形成羽片。非洲鸵鸟和几维鸟是这类鸟的代表。

2. 企鹅总目

它是适于潜水生活的一类大型鸟，具有一系列适应潜水生活的特征，如前肢鳍状，趾间有蹼，皮下脂肪发达，体表上均匀分布着鳞片状羽毛。企鹅是这类鸟的代表。

非洲鸵鸟

你知道吗？

企鹅也是鸟

企鹅科的各种短腿而不会飞的水鸟，产于南半球，在陆地上直立而笨拙地行走。1488 年，葡萄牙的水手们在靠近非洲南部的好望角第一次发现了企鹅，但是最早记载企鹅的却是历史学家皮加菲塔。人们早期描述的企鹅种类，多数是生活在南温带的种类。到了 18 世纪末期，科学家才定出了 6 种企鹅的名字，而发现真正生活在南极冰原的种类是 19 世纪和 20 世纪的事情。企鹅身体肥胖，它的原名是肥胖的鸟。但是因为它们经常在岸边直立远眺，好像在企望着什么，因此人们便把这种肥胖的鸟叫做企鹅。

3. 突胸总目

地球上绝大多数鸟类都属于这一目，其特征是羽翼发达，善于飞翔，体表有羽区、裸区之分，胸骨上长有龙骨突起。该目又可细分为约 35 个目，共计约 8500 种以上。

第三章 群雄并起的中生代

为了更容易地了解鸟类，鸟类可分为以下几类：

1. 游禽

一般将喜欢栖息于水中并在水中进食的鸟类称为游禽。游禽种类繁多，分布广泛，最常见的有天鹅、大雁、鸳鸯、海鸥等。大多数游禽的脚趾之间有蹼相连，善于游泳和潜水。它们最引人注目的特征是，

天鹅

其窝巢成平盘状，可浮在水面上，这就是游禽所特有的水面浮巢。

2. 涉禽

通常将那些适于生活在沼泽和水边的鸟类称为涉禽，代表鸟类有鹭类、鹳类、鹤类和鹬类。涉禽的腿特别细长，颈和脚趾也较长，适于涉水行走，但不适合游泳。它们休息时往往用一只脚站立，而另一只脚则蜷缩在羽毛中。

3. 路禽

通常将适于在陆地上奔走及挖土寻食，擅长远距离飞行的鸟类称为路禽，主要代表有松鸡、马鸡、孔雀等。路禽大都体格强健，翅膀尖圆，嘴短钝坚硬，腿和脚强壮有力。

孔雀

4. 鸣禽

通常将善于鸣叫的鸟类称为鸣禽，主要代表有画眉、八哥、百灵、黄鹂、相思鸟、金丝雀、家燕等，约占世界鸟类的 3/5。鸣禽的鸣声因性别和季节的不同而不同，繁殖季节的鸣声最为动听。

5. 攀禽

通常将善于攀缘树的鸟类称为攀禽，主要代表有翠鸟、杜鹃、啄木鸟等。攀禽的主要特征是，翅大多为圆形，不善飞行，脚大多短而有力，趾型多为对趾足。

啄木鸟

6. 猛禽

通常将体型巨大、外表凶猛、以肉为食的鸟类称为猛禽，主要代表有金雕、苍鹰、雀鹰、红隼等。猛禽性格凶猛，嘴爪锐利，翅膀强大有力，听觉、视觉非常敏锐，善于捕食。

三分天下

就在孔子鸟以与始祖鸟相齐名的姿态公诸于世后不久，一只被认为是更加原始的鸟类又被炒得沸沸扬扬，这就是早已被大家熟悉的中华龙鸟。1996 年，辽西朝阳再给世界一个震惊：距今 1.5 亿 ~ 1.6 亿年的晚侏罗纪鸟类——"中华龙鸟"在此发现，比 1861 年德国发现的始祖鸟早 1000 多万年，引起世界考古专家的瞩目，从而打破了一个多世纪以来德国始祖鸟一统天下的局面，形成了中华龙鸟、始祖鸟、孔子鸟三分天下的局面，开创了鸟类研究的新天地。

你知道吗？

孔子鸟

在发现长有羽毛的恐龙之前，即早在 1993 年，辽宁北票市附近的四合屯农民杨雨山采集到一副近 30 厘米的鸟类化石，后来化石收集者张和又收集到一些鸟类的前肢和颅骨的化石。及至 1995 年，由侯连海所带领的研究小组对该鸟进行了描述并命名为圣贤孔

第三章　群雄并起的中生代

子鸟。很快人们就发现四合屯是个鸟类化石库，中国随即成为世界古鸟类研究的中心。到 2000 年前后，共发现了超过 1000 件孔子鸟属的化石标本。

1. 中华龙鸟

1996 年 8 月，辽宁省的一位农民捐献了一块体态小形似恐龙的化石标本，这块化石长着粗壮锐利的牙齿，有很长的尾椎，共有 50 多节尾椎骨，后肢长且壮。此外，类似于羽毛般的皮肤衍生物覆盖了它全身，从头部到尾部，这是最吸引人的。这种形状类似羽毛的物质长度约 0.8 厘米。通过仔细研究，科学家们确认这是最早的原始鸟类化石，因其最早在中国被发现，人们称之为"中华龙鸟"。

2. 发现的意义

鸟的起源是什么，这在科学界仍是悬而未决的一大难题。古生物学家早在 100 多年前就曾在德国找到了始祖鸟，鸟类起源的秘密仍未得到解答，为了更深入探究，科学家们不断努力探索。到目前，只有 10 块保存程度不等的始祖鸟化石被发现，人类描述鸟类起源故事的全部依据就凭借这些。鸟类是从恐龙演变过来的吗？鸟类有着怎么样的进化和发展过程？想要进行更加深入全面的研究，仅凭始祖鸟有限的材料是很难办到的。

中华龙鸟的发现为科学家们提供了从爬行动物向鸟类进化的新证据，这个消息很快传遍全世界。科学家们发现中华龙鸟拥有小型兽脚类恐龙的一些特征，同时具有鸟类的一些基本特征，很可能这就是恐龙向鸟类演化的过渡环节。从它的特点来看，与德国的始祖鸟相比，它显得更加古老和原始，它表现出类似恐龙的骨骼特征，动作敏捷，但不能飞。在不断的深入研究过程中，世界鸟类学家逐渐意识到，始祖鸟更加接近于现代鸟类，恐龙向鸟类演化的真正过渡环节应该是中华龙鸟。这一理论的提出，使人类解开鸟类进化和发展的秘密过程更进了一步。

进化阶梯

在蕨类植物之后登上地球舞台的是裸子植物。裸子植物也是一种在进化等级上"比上不足，比下有余"的植物，即它介于蕨类植物和被子植物之间，它既是最进化的颈卵器植物，又是较原始的种子植物，因其胚珠外面没有子房壁包被，不形成果皮，种子是裸露的，故称"裸子"植物。

你知道吗？

颈卵器植物

颈卵器植物包括了苔藓植物、蕨类植物和裸子植物三大类植物。苔藓植物和蕨类植物的雌性生殖器官均以颈卵器的形式出现，在裸子植物中，也有颈卵器退化的痕迹。这三类植物在进化过程中有比较相近的亲缘关系，因而在有性生殖的方式和世代交替的生活方式上有很大的相似之处。但同时由于进化的程度不相同，因此这三类植物在有性生殖的方式和世代交替的生活方式上又有各自不同的特点。

"裸子"植物——银杏树

第三章　群雄并起的中生代

最初的裸子植物出现在古生代，在中生代时，蕨类植物由于不适应当时大气、气候以及地貌的变化，大都相继退出了历史舞台，裸子植物完全取而代之，中生代为裸子植物的"鼎盛时期"，历时约1.4亿年。

现代生存的裸子植物有不少种类出现于第三纪、后又经过冰川时期而保留下来，并繁衍至今。

据统计，目前全世界生存的裸子植物约有800种，隶属5纲，即苏铁纲、银杏纲、松柏纲、红豆杉纲和买麻藤纲。而这5纲我国全部都有，另外还有一些变种和栽培种。裸子植物的种数虽仅为被子植物种数的0.36%，但分布却一点儿也不逊色，世界各个地方都有，特别是在亚热带的中山至高山，常形成大面积的各类针叶林，尤其在北半球，大的森林80%以上是裸子植物，如落叶松、冷杉、华山松、云杉等。

云杉

 ## 裸子植物中的活化石

在裸子植物中，银杏和水杉都称为"活化石"，因为它们曾经都几乎灭绝，最后却逐渐生长了起来。

银杏是一种落叶乔木，高约40米，枝往上展开生长，长枝上长出短枝，叶子就在短枝丛生。叶子形状如同扇子，又如鸭掌。夏天，张开的树冠像华盖，翠绿茂盛；秋天，绿叶转黄，一派金黄的景象。银杏雌树在花落后有枣大小的种子结成，由青色逐渐成熟变黄，挂满整个树枝。

银杏在裸子植物中已经算是非常古老和原始了。银杏在2.7亿年前石炭纪末期就已经开始生长，它的全盛时期是在侏罗纪时，那时已经在全球遍布。白垩纪时期，地球气候骤变，出现了适应性更强的被子植物，银杏就慢慢地衰落了。到了第四纪，气候在冰川的侵袭之下发生巨变，在欧洲、

水杉

北美洲的银杏都全部绝迹了，亚洲大陆面临绝种危机。

　　水杉高 30～40 米，主干笔直，侧枝生长，交替生出主干，下长上短，层层展开，像极了尖塔。叶子呈线形且扁平，在小枝上左右两侧生长，不同季节叶子颜色发生变化，春季嫩绿，夏季深绿，秋季金黄，冬季转红，渐而凋谢。水杉生长很快，既是用材树也是风景林，能经受严寒，耐高温。全世界目前已有 50 多个国家成功栽种水杉。

　　水杉属杉科乔木，叶形和落叶习性类似于水松，不同的是水松球果上的果鳞是如瓦片覆盖排列，而水杉的果鳞则交互相对生长。在白垩纪水杉已经在地球上出现了，在北半球也曾广泛分布。到了第四纪，由于冰川的冲击，水杉遭受毁灭，变成化石植物，从此消失。科学家们曾在中国东北和库页岛上发现这种植物，他们断言，这种植物在地球上早已销声匿迹了。

　　1941 年，我国植物学工作者第一次在四川省万县磨刀溪发现了一棵奇怪的树，之后又发现了更多这样的树。他们通过研究，将这些奇树定名为水杉，是"活的化石"，这在 20 世纪植物学上，俨然是一项轰动全世界的重大事件。

第三章　群雄并起的中生代

为何银杏和水杉能够在灭绝后又生存下来成为活的化石植物？银杏和水杉分别在浙江西天目山深谷残存和川鄂边境的磨刀溪残存，这两个地方都位于中国南部的低纬度区，有着复杂的地形，能够阻挡冰川袭击，而中国地区冰川零散，多为山麓冰川，河谷地区因为温暖湿润的夏季风的影响，冰川活动受到限制，只在局部地区发生。这可以说是得天独厚的自然环境，因而这些古老植物在这"避难所"能够幸存下来。

 ## 植物界的大熊猫

1亿年前，称雄世界而后消失了 2000 万年的东方红杉，在中国内地一个偏僻的小村仍然活着！这是 1948 年 3 月 25 日美国《旧金山纪事报》上登载的一条头号新闻。这里所说的"东方红杉"或叫"黎明红杉"就是水杉，由我国科学家发现的一种从古代植物保存下来的"活化石"。水杉的发现轰动一时，风靡全世界。它与动物中的大熊猫一样，在植物中，它是只有中国才有生长的古代孑遗植物，所以人们称它为"中国的国宝"、"植物界的熊猫"。

第四章 开创文明的新生代

　　新生代是地球历史的最近6500万年的地质时代，新生代初期，爬行动物又回到了历史舞台，主宰地球。新生代地球经历了一次生物大爆发，各种哺乳动物开始繁衍壮大，人类也在这个时候粉墨登场。植物也在不断进化，被子植物成为了植物界的至尊。

地球生物的明天：生物进化

第一节 哺乳动物时代

扬眉吐气 ◎

新生代始于约 6700 万年前，延续至今。

自新生代起，地球上的各个大陆块发生了许多运动，如不断分裂、缓慢漂移、相撞结合，慢慢近似于现代的海陆分布。

新生代初，海陆分布比现代大得多，大致地貌是，古地中海将古印度和古中国隔离，古土耳其和古波斯只是古地中海中的岛屿，这些陆块还没有与古欧亚大陆相连；红海也尚未形成，古阿拉伯半岛只是古非洲的一角；古南美洲和古北美洲并不像现在这样离得很近，古北美洲则与古欧亚大陆不远。

地貌逐渐发生变化，如在 5000 万年前，印度陆地与亚洲陆地结合在了一起；在 200 万 ~ 300 万年前，喜马拉雅山脉逐渐形成，与此同时或者稍早，美洲开始形成落基山脉，而欧洲则开始形成阿尔卑斯山脉。

阿尔卑斯山

新生代分为第三纪和第四纪。第三纪又可分为古新世、始新世、渐新世、中新世和上新世，其中古新世、始新世和渐新世合称老第三纪，中新世和上新世合称新第三纪。第四纪可划分为更新世和全新世，延续至今。

新生代初，曾在中生代占主要地位的爬行动物退出历史舞台，开始主宰地球。

任何物种的衰退与崛起都是有一个过程的，哺乳动物并非突然间就占据了统治地位，而是经历了一个比较漫长的演变时期。

在哺乳动物开始出现的时候，鸟类、真骨鱼和昆虫就曾与哺乳动物共分天下。

新生代的老第三纪古新世，陆地被一类特别巨大的鸟类——不飞鸟所占据，海洋中则到处是巨大的孔虫。

那时，哺乳动物崭露头角，但演化迅速，衍生出多种类群，包括很多现在已经消失的物种，如踝节目、钝脚目、恐角目、裂齿目、肉齿目和奇蹄目的早期种类雷兽，另外还有古兽、跑犀和两栖犀等；很多现代哺乳动物的祖先当时已出现，如始祖马、始祖象等。

到了老第三纪始新世，哺乳动物适应了地球环境，进而演化出了多种类群，进入了最繁荣时期。

第一次大爆发

中生代初期，地球比较温暖，森林一直分布到了地球的两极，再加上大型植食性恐龙的灭亡，使森林变得更加茂盛。早期的哺乳动物沿着祖先们为自己开辟的光明大道，开始了新的征程。古新世是新生代的第一个阶段，从距今 6500 万年到 5500 万年，经历了大约 1000 万年的时间。这个时期的哺乳动物中的真兽类在白垩纪出现的食虫类基础上分化出来，以很快的速度进化，造成了一个范围广泛的适应辐射。从古新世到始新世发生了新生代哺乳动物在历史上的第一次进化大爆发。大爆发的结果，一个适应于各种不同的生态环境的古老哺乳动物群占据了古新世和始新世的优势地位。不过这个时期的哺乳动物个体大多数不算大，只有少数例外，如安氏中兽，而且都是一些奇形怪状的新生种类，主要有食虫类、

第四章 开创文明的新生代

翼手类、皮翼类、贫齿类、纽齿类、裂齿类、灵长类、古食肉类、踝节类、钝脚类、南方有蹄类、滑距骨类、闪兽类、焦兽类、异蹄类等。

1. 来到地面的先驱者

踝节类动物是较早在地面活动的哺乳动物之一。实际上踝节类是一个非常多样化的种群，但最有名的是中兽科和熊犬科两类动物。从树栖动物到地栖动物，从老鼠一般大小到安氏中兽那样的巨兽，从典型的草食动物伪齿兽到以肉食为主

犬科动物——狗

的中兽科、熊犬科动物都是踝节类动物的"亲戚"。

踝节类动物是一类幸运的动物，许多古代生物都没有留下后代，而踝节类不同，它们可谓"子孙满堂"，后来的奇蹄类、偶蹄类、南方有蹄类等等，其祖先都是由踝节类分化出来的。踝节类是一种"一般化"的动物类群，刚刚开始出现分化，因此许多动物都是"多面手"，比如脚上有的有蹄，有的有爪，大部分都能上树。

踝节类中最原始的是熊犬科动物(这个熊犬与食肉目的熊狗、犬熊虽然名字相近，亲缘关系可是很远的)，其特征是个体较小，头长而低，臼齿大都保留原始的样子，背部容易弯曲，四肢相对较短，脚有爪，尾很长。最著名的是古中兽。

熊犬

踝节类在古新世的北美洲非常繁荣，欧洲的踝节类则多数是与北美洲在分类上很近的物种，在亚洲，踝节类种类较少，最著名的是蒙古的安氏中兽。

2. 披着狼皮的羊

安氏中兽，又名安氏中爪兽或安氏兽，是一种原始的、身体粗壮且像狼的有蹄类哺乳动物，以著名的化石发掘者罗伊－查普曼·安德鲁来命名的。安氏中兽属有蹄哺乳动物，在亲缘关系上其实更接近于绵羊或山羊，因此在某种意义上被戏称作"披

着狼皮的羊"。

安氏中兽是最晚近的踝节类，人们对于这种神秘的巨兽目前还知之甚少，原因是化石证据不足，除1923年找到的这具头骨外，尚未有新化石被发现。就身体的综合素质来讲，安氏中兽无疑是曾出现过的

安氏中兽

最强大的陆生哺乳类食肉兽，与其后在蒙古崛起的肉齿目牛鬣兽科的裂肉兽、鬣齿兽科的伟鬣兽及巨鬣齿兽当之无愧地堪称"老第三纪四强"。而单从体型上比较，只有裂肉兽堪与其相提并论。

安氏中兽所在的踝节目也拥有着显赫的地位，与后来的有蹄类和其他诸多门类动物在系统发育上有着重大渊源。安氏中兽在科普作品中的名气远超它的所有亲戚，可以说是大多数动物进化类与古生物类读物在哺乳动物进化阶段一个不可绕过的话题，这可能就是由于它的神秘身世、硕大体型以及所在门类的重要历史地位的缘故吧。

裂肉兽

裂肉兽大约生存于晚始新世到渐新世的蒙古，属于肉齿目牛鬣兽科，是肉齿目中最大类群之一。裂肉兽有像浣熊一样的大尾巴，身体粗壮，估计大型种群体重800千克到1吨，与瘦小的犀牛相当。始新世的中亚是大型动物的聚居地，如犀牛、雷兽及爪蹄兽，裂肉兽可以凭借相对其他食肉动物更有优势的体型捕猎这些巨大的植食动物。裂肉兽的牙齿适应于嚼食多种食物，可能像现今的棕熊般生活，但牙齿排列与食肉目的棕熊有所不同。

进化巅峰

哺乳动物是脊椎动物亚门下的一个纲，通称兽类。除六种最原始的哺乳动物外所有的哺乳动物都是直接生仔的。绝大多数不是以卵的方式生育后代，而是通过母体生出幼儿——胎生方式，并且以乳汁

喂养幼儿。它们都有特别的颚骨关节。哺乳动物全身披毛，或长或短，包括头发与汗毛。身体温度恒定，不会随外界环境温度变化而变化。具有很发达的器官与神经，能对外界的变化快速作出相应的调节、改变，高度适应外界环境。消化系统分化程度高，出现了口腔消化，进一步提高了消化能力，同时感觉器官十分发达，尤其是嗅觉和听觉。哺乳动物心脏左、右两室完全分开，左心室将鲜血通过左动脉输送至身体各部；脑颅扩大，脑容量增加；中耳具有 3 块听骨；下颌由 1 块齿骨构成，与头骨为齿—鳞骨关节式；牙齿分化为门齿、犬齿和颊齿；7 个颈椎，第 1、2 颈椎分化为环椎和枢椎。兽类是动物界进化地位最高的自然类群，说到它们的分布，除南、北极中心和个别岛屿外，几乎遍布全球，现存 19 目 123 科 1042 属 4237 种。中国有 11 目，都是有胎盘类。

你知道吗？

鸭嘴兽

鸭嘴兽是最原始的哺乳动物之一，它的尾巴扁而阔，前、后肢有蹼和爪，适于游泳和掘土。鸭嘴兽穴居在水边，以蠕虫、水生昆虫和蜗牛等为食。繁殖时，雌鸭嘴兽每次产 2 枚卵，幼兽从母兽腹面濡湿的毛上舔食乳汁。其仅分布于澳大利亚东部约克角至南澳大利亚之间，在塔斯马尼亚岛也有栖息。此外，鸭嘴兽是极少数用毒液自卫的哺乳动物之一，是珍贵的单孔目动物。

食草动物——马

全世界现存大约有 4000 种哺乳动物，包括食肉动物如虎、食草动物如兔、杂食动物如熊。牛、羊、马等家畜和猫、狗、天竺鼠等宠物也是哺乳动物，分布广泛，与人类关系极为密切。我们人类也是哺乳动物，是万物中最高级的生物。

永恒的哲学话题

什么是人？人从哪里来？这些没有解开的谜一直都是永恒的话题。首先讲一个有意思的故事：古希腊哲学家柏拉图说，人是"没有羽毛的两足动物"。他的一位同事便以此开玩笑，他从市场上买来一只没有毛的鹅，带到学院里告诉大家："这是柏拉图所说的人。"于是人有了"柏拉图的鹅"这样一个绰号。这是一个笑话。1871年，达尔文所著的《人类的由来和性的选择》提到：人类是用两足直立行走的动物，有大的脑子和高智商。人类的这些特征是现代人都具备的，也是一直被认同的。

这些特征仅仅是人类才具备吗？猿是否也具备这些特征？我们只能借助化石这一直接的实物证据来探究这个问题。1890年至1892年，科学家在印度尼西亚爪哇发现了一小块下颌骨、一根大腿骨和一个头盖骨。头盖骨带明显表现出类似猿的原始性状，如眉脊粗壮、头骨低平、骨壁很厚，脑量约为800毫升，而现在人脑量平均为1350毫升，然而大腿骨却很接近于现代人，说明它们能和现代人一样直立行走。他们发现的到底是人还是猿？关于这问题的争议顿时很多。另外1924年名为南方古猿的一个头骨在南非汤恩被发现，当时被认定年龄大约6岁。按照最新标准，应为刚满3岁的小孩，它有很小的犬齿，颅底的枕骨大孔部位靠前，说明

它已能两足直立行走；但它的脑子很小，它到成年时脑量可能不会大于现代的猿。所以，学术界也不认为它属于人的系统。

猿

以上提到的种种化石，都可以作为表明人类的两足直立行走和大的脑子并非同时起源的证据。要是将脑量即脑子的大小作为区别人和猿的标志，那么用多大脑子的动物才是人呢？有人认为人的脑量应在750毫升以上，于是就把这750毫升作为人和猿的界线，而后来人们又发现可以用两足直立行走的化石的脑量远远低于这个标准，现在的大猩猩脑量也有的高于750毫升，这都证实了不能凭脑量来区分人和猿。所以人类学界渐而一致得出结论，人和猿分界的标志只能是是否两足直立行走，将能两足直立行走的高等灵长类归入人的系统，分类上属人科。

 踏上地面的灵长

地质上把从6500万年以前到现在的时期叫做新生代，在这时期地球上出现了哺乳动物是最重要的特点之一。而在这时也出现了作为哺乳动物的灵长类，它们身体长，腿短，貌似老鼠，早期与别的小动物相差不大。经过不断的进化，它们慢慢适应在树上生活。早期的灵长类逐渐发展成为灵长目的猿类，这就是人类最亲近的祖先。

1. 树上生活的灵长类

早期的灵长类有的在热带雨林里生活，它们睡在很高的树枝上，以树叶和果实为食，生活非常悠闲。长久以来，它们适应在树上生活，在居住于树上百万年的时间中，它们的身体也发生了一些变化。

首先是前腿和后腿有了分工。身体主要靠后腿来支撑。前腿比后腿自由一些，常用来摘取食物，渐渐发展得类似于手臂。手和脚也有了变化，初期它们手和脚都可以用来拿东西，手和脚还能让它们的身体悬挂在树枝上。因此，它们的手指和脚趾越变越长，之后大拇指和大脚趾逐渐发展到可以对着其他4个指头弯曲的发达程度。

生活在树上必须眼睛很好。最成功的灵长类都有两只大眼睛，并且两只眼睛还能集中在一件东西上。

灵长类动物以树叶和果实为食

这对于狗和兔子这些动物来说，是不能办到的，它们只能用一只眼睛注视一样东西，所以总是侧着脑袋观察。它们不能把目光集中，两只眼睛是分开来看东西的。可以用两只眼睛看同一物体的灵长类可以判断那个目标与自己的距离，所以它们从一根树枝跳到另一根树枝时不会从树上摔下来。

灵长类有很发达的视觉，所以嗅觉就相对较差，具有辨别气味功能的

灵长类动物的头颅

鼻子比较小。它们不再像牛和马吃草那样用嘴来获取食物，而是用手把食物放到嘴里，嘴就只是咀嚼食物，所以不用长得那么大。这样，它们面部渐渐就和人差不多，有着小且扁鼻子以及较小的嘴巴。

灵长类最重要的变化是头颅，随着脑子越来越大，它们的头颅也越长越圆。

当然，它们是经历了很长时间，才完成这些变化。

你知道吗？

灵长目

灵长目是哺乳纲的 1 个目，目前动物界最高等的类群。灵长目动物的眼睛在脸的前面，有眉骨保护眼窝；大脑发达；眼眶朝向前方，眶间距窄；手和脚的趾（指）分开，大拇指灵活，多数能与其他趾（指）对握。包括原猴亚目和猿猴亚目，主要分布于世界上的温暖地区。灵长类中体型最大的是大猩猩，体重可达 275 千克，最小的是倭狨，体重只有 70 克。人类属于灵长目动物。

2. 从树上来到地面

灵长类在漫长岁月里进化，同时地球也在发生着变化。

地球上的冰雪逐渐从北部和山地向南方和平原扩展，温度越发变低，不再是炎热和潮湿的热带气候。这使得只能在莽丛里生活的身体巨大的形状怪异的哺乳动物，逐渐停止了进化的脚步。一些适宜在新的气候下生活的新种族便取而代之。

冰雪由北向南侵袭，无法耐严寒的森林就不断往南方移动。那些在树上生活的被迫和森林一起往南转移。森林是它们安全所在地，森林里还有水果和硬壳果之类的食物供他们生存，长久以来它们已经不能离开树，下地久了便无法生活，就像鱼离不开水。它们是生活在树上的森林动物，似乎有一条无形的锁链把它们拴在了树上。

幸好这无形的锁链并没有束缚住所有的灵长类动物。这些脱离了束缚的灵长类中有一种在森林逐渐变化的过程中能够开始下地来生活的古猿，这种古猿就是现代类人猿和人的祖先。

从在树上生活变为在地上，这一改变看似不重要，却有着非同寻常的意义，因为地上生活要比在森林中生活困难一些，它们寻找果实和种子都必须弯腰弓背，有时还必须利用一些像树枝之类的简单工具来获取。它们还必须经常站立起来查探四周的情况，当猛兽来侵袭，它们必须用两腿奔跑，前肢可以空出来抱住食物，或者抓住附近的树枝。这样，它们在生理上就发生了一些变化，人类最初的祖先就是这种在地上生活的古猿。

这种古猿从外貌和行动上虽然都很像猿，很多人类学家坚信，它们确实是孕育出后来人的先祖，非亚两洲早期的人类祖先就是由它们演化来的。

那么可以肯定的是，气候变化导致了人类的进化，气候变化可以说是人类进化和发展的原动力。

人类的出面

1. 人类演化史

化石是人类历史最重要的证人。人类学家通过比较解剖学的方法，观察分析各种古猿化石和人类化石，测定它们的相对年代和绝对年代，从而确定人类化石的距今年代，将人类的演化历史大致划分为几个阶段。

科学家往往会通过生物化学和分子生物学的方法，研究现代人类、各种猿类及其他高等灵长类动物之间的蛋白质、脱氧核糖核酸（DNA）的异同和变化的快慢，从而计算出其各自的起源和分化年代。

现在比较统一的观点是，古猿进化为人类始祖已经有 700 万年的历史了。根据人类化石，可以把人类的演化分为以下四个阶段：南方古猿阶段；能人阶段；直立人阶段；智人阶段。

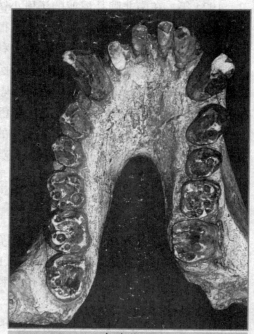

古猿化石

根据目前已发现的人类化石证据，南方古猿是已知最早的人类。

你知道吗？

智人

智人是生物学分类中，我们全体人类的一个共有名称。在分类学上，所有的人都属于一个物种。智人最早出现在地球上的时期有各种不同的推测，通常认为是在大约 20 万年前。关于起源地点，暂时比较有说服力的观点是认为智人起源于东非。从生物进化看，20 万年只是很短的时间，就在这很短的时间里，智人达到了令人瞠目结舌的繁荣。从热带到南北两极，全世界凡是有陆地的地方基本上都有人类居住。一种动物的分布能如此之广，唯有智人。

2. 汤恩头骨

1924 年，在南非阿扎尼亚的汤恩小镇的一块头骨化石在偶然之中被发现了，人们将其命名为汤恩头骨化石，很快这块化石就被送到了约翰内斯堡的威特沃特斯兰德大学医学院，澳大利亚解剖学教授达特对其进行了深入研究，达特当时刚完成在英国伦敦的医学、解剖学和人类学学业。达特收到的这块头骨化石幼年个体（相当于现代 3 ~ 6 岁的小孩），有着颅骨的大部分和完整的颅内模，颌骨上仍有全套的乳齿和初长出的第一恒臼齿。

汤恩头骨由于是在非洲最南部发现的，它所属个体的种被命名为南方古猿非洲种。达特发表了他的文章后，英国解剖学界和人类学界许多权威对他投以嘲笑。这个化石在他们看来只是一个普通的早期猿类化石。在此后的 10 多年中，人们青睐于北京猿人化石，而抛弃并遗忘了这个头骨。

3. 东非的发现

1960 年，路易斯·利基的儿子乔纳森·利基在与找到"东非人"头骨地点相差不远的地方找到了一个 10 ~ 11 岁小孩的部分头盖骨和下颌骨，以及不同年龄人的手骨和成年人的锁骨和几乎完整的足骨。1963 年，一件头骨和附有大部分牙齿的下颌骨又在同一地点被发现。科学家通过研究这些化石证明，所找到的这类化石的人脑量比东非人大，比"东非人"更进步。路易斯·利基等遵循达特的想法，把它们叫做 Homohabilis 即"能人"，含义是"手巧的人"或"有技能的人"是人类的先行者。

1976 年，玛丽·利基在坦桑尼亚的莱托里地区找到了一组疑人类足迹。这组足迹虽是 370 万年前所留下，但保留得非常完好，它的年代测定也十分可靠。玛丽·利基通过分析其足弓形态和步态，认定这些足迹是直立行走时留下的。人类是直立行走的理论在这里得到了最早的证明。

鲍氏种

英国著名的古人类学家利基夫妇（路易斯·利基和玛丽·利基）在东非不断地努力着。1959 年 7 月 17 日，在不懈寻找了近 30 年后，玛丽终于在坦桑尼亚的奥杜韦峡谷发现了一个南方古猿的几乎完整的头骨和一根小腿骨。头骨特别粗壮，牙床上带着与南非的南方古猿粗壮种相似的"磨石白齿"。路易斯将这个标本命名为东非人鲍氏种，用以答谢鲍伊斯先生曾经对他们夫妇在奥杜韦峡谷和其他地区工作所提供的支持。东非人这个名称现在已被废弃，相应的标本现在的名称是南方古猿鲍氏种，其生活年代被确定为 175 万年以前。

4. 从南方古猿看人类演化

1924 年，达特首次发现南方古猿化石，自此至今已经有 7 种南方古猿化石被人类学家找到。在过去的几十年里，人们不断发现新的南方古猿化石，通过研究所发现的化石，关于早期人类起源与演化的过程这一课题，学术界逐渐产生了新的理解。首先，南方古猿在整个人类演化系统上的地位得到了确立。400 万年前的南方古猿化石在不久以前被找到，它证明了人类学家对古人猿生存年代的推测非常接近于与 DNA 检测出来的年代；同时，人类学家通过不断研究南方古猿属内各个种，在化石特征、生存年代、与后期的人属在演化上的关系等课题，发现人类的演化过程比想象中更加复杂。南方古猿的几个种在相同的时间范围内同时生存，其中仅有一个种群逐渐演化为人，其余种群都灭绝了。这表明，人类的发展并非按照传统的直线状方式进化，而是按照"树丛"的方式进行。这可以说更加丰富了生物进化理论。人类学家不断研究南方古猿，这也帮助我们不断深入古人类学的发展。尤为重要的是，利基家族在几十年漫长的年月中，对东非古人类的发现和研究做出了不可估量的贡献。

5. 非洲还是亚洲

达尔文曾于 1871 年提出，人类是在非洲诞生的。因为大猩猩和黑猩猩都在非洲生存，这是与人类最相近的两种猿。

那个时期，早期人类化石还没在非洲被发现。达尔文的观点因而没有得到普遍认可。上面已经提到，自从 1924 年起陆续有 7 种南方古猿化

第四章 开创文明的新生代

石在非洲发现。在多年的争论后，人类学界已经一致将其归入人的系统。南方古猿的形态远比亚洲的猿人（直立人）原始，年代也要更早。由于人类学家还不能确定比南方古猿更古老的化石（如腊玛古猿等）在人类演化系统上的地位，加上目前大多是否定这一说法的，因而南方古猿被看作人类发展的第一个阶段。迄今为止，人们也没有在非洲以外的地区发现任何确定是南方古猿的化石。目前来看，多数人类学家赞同达尔文的观点，认为非洲是人类的起源地。

大猩猩

这样一来，我们似乎已经解决了人类起源地的问题。但事实并没有想象的简单，达尔文的非洲起源说还存有许多疑点。综合所有证据，包括化石的、分子生物学的以及古生态学的资料，目前看来，人类估计最早起源于约 700 万年前，而目前在非洲发现的人类化石最多只有 440 万年的历史。我们只零星发现少数的比这一时期还早的人类化石，还不能充分确定其时代。另外，介于南方古猿属和人属之间的过渡形式至今也没有在非洲找到。因此，我们还不能百分百地确定人类最早起源于非洲。

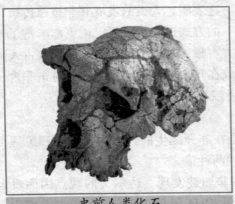
史前人类化石

考虑到这些，人类学界有一部分人在尽量寻找一些其他的可能性。

德国学者海克尔在 19 世纪后期就曾提出，相对于非洲猿类，亚洲的长臂猿、猩猩更类似于人。所以，亚洲，特别是中国也可能是人类的起源地。理由大概有以下三个：第一，环境和气候受青藏高原的隆起影响产生的变化与东非很像；第二，古哺乳动物有研究已经表明，东非

亚洲的长臂猿

和东亚在过去的 100 万年中有许多相同的动物门类，这两地的古环境、古气候可以说非常接近；第三，多种古猿化石以及丰富的直立人及其以后阶段的人类化石，还有旧石器时代的文化遗迹都在中国发现。

中国真的是早期人类的发祥地吗？这个问题至今还是一个谜，我们还需要进行更深入的研究才能解开其中的奥秘。

你知道吗？

海克尔

海克尔（1834-1919）德国博物学家，达尔文进化论的捍卫者和传播者。他生于德国波茨坦，在 1874 年出版的《人类发生或人的发展史》一书中提出"生物发生律"，认为"个体发育是系统发育简短而迅速的重演"，指出"生命是由无机物即死的材料产生的"，"人类是由猿猴进化而来的，就像猿猴是由低等哺乳动物进化而来一样"。

第四章 开创文明的新生代

第三节 植物界至尊

在进入了被子植物时代之后，大自然中才有了真正的花，大地才开始真正变得丰富多彩、充满生机。随着被子植物的兴起，哺乳动物更是日渐繁盛，逐渐进化到高级阶段。被子植物与人类生活关系密切，因而它们是人类生存发展不可或缺的物质资源。它的起源及早期演化在古植物学领域一直都是一个重大问题。

被子植物

被子植物突然在白垩纪大量出现，100多年前英国生物学家达尔文曾因此困惑，并且他还找不到它们的祖先类群和早期演化的线索，这一"讨厌之谜"让达尔文大伤脑筋。100多年后"辽宁古果"出现后，这个谜团才稍微被拨开一层云雾。

1996 年 11 月的一天，中国古植物学家孙革从刚从辽西野外回来的同事那里得到了 3 块 1.4 亿年前侏罗纪晚期的化石。当时他很忙，只将标本暂时放于抽屉中。两天后，他从抽屉中拿出标本，小心地打开包裹着化石的纸，第三块化石顿时将他深深吸引了：一株酷似蕨类的分叉状枝条覆盖于这片化石上，如同叶子的部分凸起，明显与常见的蕨类植物不同。当时的孙革已经 50 多岁，他怀疑自己是否眼花，于是他又用放大镜仔细观察，确实有 40 多枚类似豆荚的果实呈螺旋状排列在主枝和侧枝上，每枚果实中都有 2～4 粒种子。经过更加深入的观察，他清晰地发现，这些种子被果实包藏着。他认为"这是确凿无疑的被子植物"。

尽管"辽宁古果"只是一种古老的果实，但因为果实只能由花朵形成。那么可以说，最古老的果实的发现也意味着最古老的花朵被发现了。

植物我为王

从白垩纪起，裸子植物的优势地位就被后起之秀被子植物取代了，被子植物是植物进化的顶峰，在植物界拥有"至尊"地位。关于被子植物起源的确切时间，最好用花粉粒和叶化石证明，被子植物出现于 1.35 亿～1.2 亿年前，到距今 8000 万～9000 万年的白垩纪末期，被子植物在地球上拥有了统治地位。

至于被子植物起源的地点，目前普遍认为被子植物起源于赤道带或靠近赤道带的某些地区，因为在这些地区的白垩纪地层中发现有最古老的被子植物三沟花粉。当然这也还不能完全说明问题，关于被子植物起源的地点问题、依然有待作更深入的研究。

1. 被子植物的特征

被子植物有以下六大鲜明特征：具有真正的花、雌蕊、具有双受精现象、孢子体高度发达、配子体进一步退化、颈卵器消失。

2. 被子植物的分布

被子植物是植物界进化最高

雌蕊柱头五裂

级、种类最多、分布最广、适应性最强的类群。各个气候带均有分布。因气温高、雨水多的缘故，热带、亚热带最多。南美亚马孙河区有约4万种。温带地区因气温降低，雨量少了，种类渐减。北极地区则减少很多，许多地方几乎无被子植物，仅少数地方有少数种类顽强生存。如北极柳、北极罂粟，其分布纬度达80°以上。

你知道吗？

北极罂粟

　　北极罂粟开着艳丽的黄花，花朵的形状像一个茶杯，每一片花瓣又像是一面反射镜，可以把太阳光的能量反射到中心的花蕊上，聚积热量，以保证种子尽快地成熟。就像其他的植物一样，北极罂粟也需要温暖的环境才能生长，不过它收集阳光的效率高得惊人。仲夏阳光一天24小时从360°照耀，罂粟随着太阳的位置改变而改变花朵的位置。太阳光虽然称不上强烈，不过至少在盛夏时节不会西沉，罂粟花因此而收集的阳光可使得在太阳西沉、漫漫冬日来临之前，在花朵的中心部位生成种子。

天山雪莲花

在南半球南极大陆的莫尔吉特湾詹尼岛附近，有石竹科植物厚叶柯罗石竹生存。另外，从海拔高度看，地势越高，气温越低，植物种类组成也有变化；在珠穆朗玛峰地区，气候严寒，只有一部分耐寒种类方可生存，如雪莲花在新疆天山高处分布。

第五章 世界太奇妙

　　置身于大草原上，你会看到奔驰的骏马，彪悍的野牛，丰满矫健的羚羊；翱翔于苍天之上，你会看到蔚蓝的天空，雄劲的苍鹰，自由自在的小鸟；畅游于水的天下——海洋，各种各样的鱼儿在你身旁穿梭，五颜六色的海藻给你挠痒痒，各式各样的贝壳礁石在明媚的阳光下闪着金光……当然，世界的奇妙之处远不止这些，接下来，我们就一起走进奇妙的世界吧！

第一节 动物世界之旅

古书中的神兽：大熊猫

在历史的记载中，大熊猫在很长的时间里一直被视作一种神秘的动物。春秋战国时代的《山海经》里，说它食铜铁，故称之为"食铁兽"。

大熊猫还曾被认为是一种凶猛的野兽。司马迁在《史记》中记载：4000 年前，部落首领黄帝率领自己的部落在阪泉（在今河北涿鹿东南）大胜炎帝及其部落，取胜的秘诀就是他们利用了驯养的虎、豹、熊、貔貅（大熊猫）等猛兽大军。而西晋时期又因为貔貅只吃竹子，被视为象征和平的义兽，两军交战时只要一方举起绘有貔貅形象的旗帜，战争就会戛然而止。

后来大熊猫又被称为"貘"，大诗人白居易也曾写过一首名为《貘屏赞》的诗，写作此诗还另有渊源。相传白居易素来有头痛的毛病，因为听

大熊猫

说大熊猫生性温和，又有辟邪的神效，就请画师在屏风上画了大熊猫的图样。自此以后，白居易的头居然真的就不疼了。因为感激和喜悦，白居易便写下了这首诗。在诗中，白居易写道："貘者，象鼻犀目，牛尾虎足，生于南方山谷中……按《山海经》，此兽食铁与铜，不食他物。因有所惑。"诗中提到了《山海经》中关于"食铁兽"的说法。

李时珍的《本草纲目》中提出了用貘皮制药的理论，在某种程度上加快了这一古老物种走向衰落的速度。

在其他国家，也有关于大熊猫的传说。在日本的传说中，貘是一种神奇的怪兽。它在每个月明星稀的夜晚走出密林，来到人群聚居的城镇，吸食人们的梦。貘吃梦的时候从没吵醒熟睡着的人们，因为它在夜色中会发出像摇篮曲一样婉转的叫声。于是人们在优美的旋律中越睡越沉，梦被貘轻而易举地一一收入囊中。貘吸食了人们的梦之后，便又悄无声息地返回到丛林中，继续神秘的生活。然而，食梦貘并不是个自私的小偷，传说它可以带走人们的噩梦，还熟睡的人一个安宁的月夜。

在我国历史上，大熊猫是一种传奇色彩浓厚的动物。然而，大熊猫真正的进化史远远不像传说中那样充满趣味，而是充满了适者生存的艰难抉择。

嬉戏玩耍的大熊猫

历史上大熊猫曾在中国各地广泛分布，大熊猫的栖息地曾覆盖了中国东部和南部的大部分地区，北达北京一带，南至缅甸南部和越南北部。由于气候变化、人口激增和占用土地等诸多因素的影响，现在大熊猫分布范围已狭小了很多，很多栖息地消失了。目前大熊猫的栖息地仅限于四川盆地向青藏高原过渡的高山深谷地带。

大熊猫的进化经历了一个曲折而漫长的时期。距今约800万年前，地球上就已经有了大熊猫的足迹。最早的大熊猫是现在大熊猫的先祖，被命名为"始熊猫"，生活在云南元谋和禄丰炎热潮湿的热带森林边缘。

始熊猫以肉食为主，看起来好像一只较肥胖的狐狸。由始熊猫演化出

第五章　世界太奇妙

大熊猫以竹子为食

的一个旁支为葛氏郊熊猫，分布于匈牙利和法国等地的潮湿森林里，已经灭绝。而始熊猫的主支则在中国的中部和南部继续演化，其中一种在距今约 300 万年出现，体型只有今天的大熊猫一半大，好像一只胖胖的狗，其化石被定名为大熊猫的小种，发现于广西柳城、广东罗定、四川巫山县、陕西洋县和云南元谋等地。从大熊猫小种的牙齿化石推测，它已进化成为兼食竹类的杂食动物。又经历了约 200 万年的进化，这些小型大熊猫向亚热带潮湿森林延伸，并取代始熊猫，广泛分布于我国的云南、广西和四川等省。在这以后，大熊猫进一步适应了亚热带竹林生活，体型逐渐增大，演变为以竹子为食。大熊猫种群在距今 50 万～70 万年的更新世中晚期达到鼎盛。

　　化石亚种大熊猫在整个更新世分布的区域范围相当广泛，几乎遍布中国东部和南部，北至北京周口店，越南、缅甸和泰国都发现过其化石。跟大熊猫同时代的生物还有剑齿虎、剑齿象以及北京猿人，构成典型的更新世大熊猫——剑齿象动物化石群。

　　然而，更新世中晚期，自然环境发生剧变，秦岭及其以南山脉出现大面积冰川，特别是在距今约 1.8 万年前的第四纪冰期之后，剑齿象动物群衰落，大部分动物灭绝，仅留下相当数量的化石表明它们曾经存在过。大熊猫在北方绝迹，在南方的分布区也骤然缩小，种群发展进入衰退期。

　　但是，当剑齿虎、剑齿象的时代一去不返，变成了化石长眠于地下的时候，大熊猫却熬过了进化的冰封期，幸存了下来。因此可以说，在动物进化史上，大熊猫是佼佼者；在生存的竞争中，大熊猫成了赢家。

史前巨无霸：恐龙

1.迄今为止最大的史前动物

目前已知最大的史前动物应该是恐龙。在中生代时期，恐龙是数量最多也最活跃的一类爬行动物，三叠纪中期恐龙出现，白垩纪末灭绝了，它们在地球上生活了将近1.7亿年。在恐龙生存的漫长历史时期，它们在生物中几乎占据统治地位，各大陆上的生态区都被恐龙占据，是中生代不折不扣的"统治者"。因此，中生代也叫"恐龙时代"。

地球的整个历史，中生代应属最值得关注的时代，在这个时期，脊椎动物繁荣发展，还有一些人类毫不了解的物种也出现了。不管是在海、陆、空，爬行动物都占有着主导地位，所以中生代又称为"爬行动物时代"。中生代可分为三叠纪、侏罗纪和白垩纪三个时期。在2.3亿年前左右三叠纪中期出现，灭绝在6500万年前白垩纪末期的恐龙，绝对属于地球上生活过的最为成功的物种之一。

震龙模型

2.最大的恐龙

目前，已经被发现的身材最大的恐龙当属震龙。从动物分类学上看，它属于蜥臀目、蜥脚亚目、梁龙科。除了震龙之外，巨型恐龙还有身体巨大的蜥脚亚目（一般称为蜥脚类）恐龙，还有梁龙科的梁龙（身长26米）、雷龙（身长21米，体重25吨）、超龙（身长42米，肩部高5.19米，臀部高4.58米）、马门溪龙（身长22米）以及腕龙科的腕龙（身长25米，体重30~50吨），等等。

你知道吗？

震龙

　　震龙生活的时代是大约 1.62 亿 ~1.36 亿年前的侏罗纪晚期。它的身长有 39 ~ 52 米，身高可以达到 18 米，体重达到 130 吨，也就是说，2 ~ 3 条震龙头尾相接地站在一起，就可以从足球场的这个大门排到另一个大门。而如此重量的庞然大物如果在原野上行走的话，它那巨脚每一次踩到地面都会使大地发生颤抖，就像地震一样。这就是"震龙"名字的由来。

恐龙蛋化石

3. 世界上最长的恐龙足迹

　　20 世纪 90 年代，美国丹佛科罗拉多大学恐龙足迹专家马丁·洛克莱教授率领一组古生物考察队在位于土库曼斯坦和乌兹别克斯坦边境上进行考察，他们在一片泥滩上发现了目前认为是世界上最长的恐龙足迹化石。其中，有 5 串足迹都打破了之前在葡萄牙发现的 147 米的世界最长纪录，它们的长度分别为 184 米、195 米、226 米、262 米和 311 米。

　　这些足迹是由 20 多条巨齿龙留下的。巨齿龙是一种食肉恐龙，很像霸王龙，但是它们在侏罗纪晚期生活，距今 1.55 亿年前，霸王龙在那一时期还没有出现。

　　与早期在北美洲和欧洲发现的巨齿龙的足迹相比，新发现的足迹表示出很多的类似点，说明巨齿龙在侏罗纪晚期的时候已经广泛分布。

　　这些足迹的足印有 60 多厘米长，大小与霸王龙的足印差不多。从足印上看，还可以发现其足后跟比较长。足迹的跨步长度表明，与一般身长在 12.2 米左右的霸王龙相比，这些巨齿龙的身体只稍微小一点。足迹还显示，像所有的肉食恐龙一样，巨齿龙一只脚的足印并不落在另一只脚的前面，左右足印之间的间距宽达 90 多厘米。科学家做出推测，巨齿龙可能不是两脚前后走路，而是像鸭子那样左右摇摆前行。

巨齿龙

4. 空中霸主——翼龙

从名称上理解，翼龙就是一种会飞的爬虫类动物。它们最早在中生代三叠纪就出现了，是地球上最早具有飞行能力的脊椎动物。翼龙曾被认定为在天空中滑翔，而目前有研究显示，翼龙的大脑神经组织相当发达，可以处理平衡信息。这表明翼龙不仅可以滑翔，而且还很善于飞翔，它们具有很好的飞行能力。

翼龙作为最早可以飞行的爬行动物，它们不仅是恐龙的近亲，而且还生活在同一个时代。当时，恐龙称霸陆地，而翼龙则统治天空。作为爬行动物，翼龙又显得非常特殊，它们有着极为特殊的骨骼构造，行为也很复杂，很像今天的鸟类。

翼龙的前肢非常有特点，它的第4指不仅增长，而且变得更加粗壮，成为飞行翼指，由4节翼指骨组成，其前端没有爪，与前肢共同构成飞行翼的坚固前缘，支撑并连接着身体侧面和后肢的膜，形成能够飞行的具有类似鸟类翅膀的翼膜。翼龙的腕部发育成一个特有的向肩部前伸的翅骨，可以支撑翼膜。第一指至第三指生长在翼膜外侧，变成钩状的小爪，第五指则逐渐演变消失。另外，可以让翼龙飞向天空的翼膜结构，与后来可以飞行的鸟类和蝙蝠类的翅膀结构是完全不同的。

另外，美国俄亥俄大学的研究人员在一期《自然》杂志上曾说，他们使用计算机分层造影扫描技术，以化石为依据建立了翼龙大脑的三维图像。图像显示，翼龙有着极为发达的小脑叶片，占脑质量的7.5%，是迄今为止已知的脊椎动物中所占比例最大的，擅长飞行的鸟类的小脑叶片也只占其脑质量的1%～2%。

与人类同龄：麋鹿

麋鹿是我国特有的世界珍稀动物，它宽大的四蹄非常适合在泥泞的疏林沼泽地带活动，并以寻觅青草、树叶和水生植物等食物为生。由于环境的改变，野生的麋鹿如今已经不多见了。

最古老的麋鹿与人类同龄，它们和人类几乎同时出现在地球上。考古发现，周口店北京人的伴生动物中就有麋鹿，安阳殷墟也有麋鹿角出土。

麋鹿

原始麋鹿栖息活动范围在今天的黄河流域一带。据考证，历史上麋鹿主要生活在中国黄河、长江中下游地区，两三千年前最为昌盛，数量达到上亿头，而当时地球上的人口总数不过 1.5 亿。黄河流域是人类繁衍的地方，所以在远古时代，麋鹿自然是人们大肆捕猎的对象，一度成为盘中美味。

在中国，麋鹿自古便被誉为吉祥之物，甚至被称为"神兽"。在神魔小说《封神演义》里，姜子牙就是以它为坐骑统帅周朝军队的。春秋时期，楚王就在灵沼圈养麋鹿；战国时期，屈原在《九歌·湘夫人》中也写下过"麋何食兮庭中"这样的诗句。

人工驯养的麋鹿

早在 3000 多年前的周朝，麋鹿就被捕进皇家猎苑，在人工驯养状态下一代一代地繁衍下来。

但是汉朝以后，野生麋鹿数量日益减少。元朝建都北京之后，把最后一批野生麋鹿从黄海滩涂全部捕获，运到北京，供贵族狩猎之用，从此只有圈养麋鹿，再无一只野生。

到清朝初年，中国只剩下一群二三百只的麋鹿，它们全部被放养在北京南海子皇家猎苑。清康熙、乾隆年间，在北京的南海子皇家猎苑内还有200多头供皇帝打猎和食用的麋鹿。乾隆皇帝就曾经写过一篇名为《麋角解说》的文章，还把它镌刻在一只麋鹿角上。这群麋鹿是在中国大地上的人工环境中生活的最后一群麋鹿。根据大量考古和历史资料推断，野生麋鹿大概在清朝已濒临灭绝的境地。

冬眠的鸟：白胸秧鸡

鸟类中的个别种类也有冬眠现象，只是大鸟不被人了解，白胸秧鸡就是这种独特的鸟。

白胸秧鸡又叫苦恶鸟，这是根据它的叫声而得名的。上体黑色，面部及下体白色。属于小型涉禽鸟。平时多栖息于沼泽、池塘、稻田附近的灌

白胸秧鸡

第五章 世界太奇妙

木丛、小竹林等地，啄食动物性食物。清晨和傍晚常能听到它们的鸣叫，在繁殖季节，从早到晚不停地叫。每年4月初，开始在灌木丛和芦苇丛中营巢。每年产2窝，每窝3～9枚卵不等，卵壳土白色或土黄色，上面带有褐色斑点。孵卵由雌雄鸟共同担任。入秋，秧鸡结束了繁殖生活，幼鸟已经长大，可以独立生活了，这时，它们的活动反而更加频繁，每天不知辛苦地四处觅食，好像从不知道饱似的，个个胖胖的，甚至飞起来也觉有些吃力，所以有人专在这个时候去捕捉秧鸡食用，肉味肥嫩，美味可口。

初冬季节要到了，天气逐渐变冷，胖乎乎的秧鸡个个急于选择干燥的石洞或泥洞，钻到里面冬眠了。秧鸡在洞里不吃不动，呼吸次数减少，血液循环减慢，新陈代谢减弱，尽可能减少消耗体内的营养物质，凭借储存的脂肪来维持生命。

万物复苏时，小草发出嫩芽，昆虫开始活动了，秧鸡在洞中逐渐苏醒，它慢慢地走出来。经过3个月的冬眠，身体虚弱多了，走起路来都有些吃力，不能飞行，视力也很弱，这时急需增加营养，吃大量食物以强壮身体。1个星期过后，体力得到了恢复，能够正常飞翔，到处又可听到它们的欢快叫声。

地震"预报员"

　　鱼浮水面、鸭不下水、鸡上房顶、老鼠搬家、猪不进圈……这些动物出现的异常现象，已被验证是地震前动物特有的反应。这种现象早已被科学家们用来作为预测地震的一种方式。和动物一样，植物也会有震前异常反应。它比动物对地震异常反应的时间更早、更久，有利于人们及早采取相应的对策。在地震的孕育过程中会产生地湿、地下水及地磁场等一系列的物理和化学变化。环境的变化，会使植物的生长产生相应的变化。为此，当植物有不正常的开花、结果，甚至大面积死亡等异常现象出现时，就是一种无声的地震预报。

　　云南西双版纳、德宏等地区的含羞草就是这样一种对地震颇为敏感的植物。

第二节　走进植物王国

第五章　世界太奇妙

含羞草是一种对地震颇为敏感的植物

你知道吗？

美丽的西双版纳

西双版纳位于云南的南端，与老挝、缅甸山水相连，和泰国、越南近邻，土地面积近2万平方公里，国境线长达966公里。她美丽、富饶、神奇、犹如一颗璀璨的明珠镶嵌在祖国西南的边疆。澜沧江纵贯南北，出境后称湄公河，流经缅、老、泰、柬、越5国后汇入太平洋，誉称为"东方多瑙河"。因此，西双版纳既是面向东南亚、南亚的重要通道和基地，也是云南对外开放的窗口。西双版纳辖景洪市、勐海县、勐腊县和11个国营农场。这里聚居着傣、哈尼、拉祜、布朗、基诺等13个少数民族，占全州人口的74%。

含羞草，又称知羞草、怕痒花和惧内草，是一种豆科草本植物，茎基部木质化，在亚热带地区为多年生。含羞草枝上有锐刺，茎直立，也有蔓生的。叶为羽状复叶，对生，总叶柄上着生羽叶4个，每个羽叶上由14～18枚小叶组成，小叶为矩圆形。花淡粉红色，花期7~10月，果为荚果，种子呈扁圆形。

含羞草的叶子具有很长的叶柄，柄的前端分出四根羽轴，每一根羽轴上着生两排长椭圆形的小羽片。花，粉红色，头状花序。含羞草被触摸后，先是小羽片一片片闭合起来，四根羽轴接着也合拢了，然后整个叶柄都下垂。

含羞草一般在路旁、空地等开阔场所生长。它可以作为药材，将其根部泡酒服用或与酒一起煎服，对治风湿痛、神经衰弱、失眠有帮助等；置于瘦猪肉中炖煮食用，帮助治疗眼热肿痛、肝炎和肾脏炎等；将新鲜的叶子捣烂，敷治肿痛及带状疱疹等，止痛消肿效果良好。

含羞草原产于南美热带地区，喜温暖潮湿，土壤适应性强，喜光且耐半阴，因此室内也常种植以作赏玩。含羞草有细小的小叶，排列呈羽状，小叶如果被碰触，接受刺激就会合拢，刺激严重能影响到全叶，总叶柄也会下垂，甚至还能传递到相邻叶片使其叶柄下垂，很像姑娘害羞而低下头，所以称为含羞草。

为何含羞草会"含羞"呢？因为在含羞草的叶柄基部和复叶基部，有一个叫叶枕的膨大部分。叶枕中心有一个维管束，被许多薄壁细胞包围。正常情况下，每一个细胞都因含有丰富的水分而膨胀，叶枕就能挺立，叶片因而展开。在受到刺激的时候，叶枕细胞中的水就流入细胞间隙，于是叶枕就因缺水而蔫软，叶片也就随之闭合下垂。最早含羞草生存于常有暴风骤雨的热带美洲，当风雨来袭时，含羞草的这种"含羞"特性，就能够很好地保护自己。

含羞草的叶柄和复叶

平常在白天的时候，含羞草的叶子横着水平舒展，夜间就闭合。含羞草对环境变化非常敏感，当有人们的手、足、衣物或呼出的气体触到它时，它的叶子会很快如害羞般进行闭合，遮盖了自身的叶体。

不仅对人体很敏感，含羞草还能感应地震现象，通常大地震到来前，含羞草的叶子就会作出不同平常的反应：本来白天张开却的，夜间就恰恰相反呈半开或全开状态。科学家们在研究中发现，含羞草叶片状态发生异常往往预示着将有一场较大的地震在这一带发生。

 ## 天然"消防员"

在与火魔长期的斗争中，人类发现有不少绿色物能有效阻止大火蔓延，是天然的"消防员"。

木荷就是其中一位，它是防火树种中的佼佼者，素有"烧不死"之称。木荷的防火本领具体表现在：

1. 草质的树叶含水量达 42% 左右

木荷

也就是说，在它的树叶成分中，有将近一半是水分。这种含水超群的特性，使得一般的山火奈何不了它。

2. 它树冠高大，叶子浓密

一条由木荷树组成的林带，就像一堵高大的防火墙，能将大火阻断隔离。

3. 它的种子轻薄，扩散能力强

木荷种子薄如纸，每公斤达 20 多万粒。种子成熟后，能在自然条件下随风飘播 60 ～ 100 米，这就为它扩大繁殖创造了基础。

4. 它有很强的适应性

既能单树种形成防火带，又能混生于松、杉、樟等林木之中，起到局部防燃阻火的作用。

5. 木质坚硬，再生能力强

坚硬的木质增强了它的拒火能力，更令人吃惊的是，即使头年过火，被烧伤的木荷树第二年就生机勃勃。这种林木主产于我国中部至南部的广大山区，既是良好的用材林，又是美丽的观赏林，但人类越来越重视它的防火功效。有的将它混种于其他林木之中，有的以它为主体，种成防火林带，均收到了良好效果。

生长在澳大利亚西部特贝城镇内的喷水树，树根粗壮繁密，它们犹如一台台安装在地下的抽水泵，而粗壮的树干就成了储水罐。一旦附近发生火情，消防人员只要在树干挖一个小洞，树干中的水就会像自来水一样自动喷出，供人们应急灭火。

纺锤树生长在旱季特长的南美洲巴西东部。此树天生两头细，中间粗，很像一只大纺锤。由于此树只长稀疏的几根树杈，远看像一根大萝卜，所以又叫萝卜树、花瓶树。一株 30 米高的树，体内可贮 2 吨多水，享有"植物水塔"的美誉，为巴西的珍奇树种之一。

后来，科学家在非洲的安哥拉的密林中还发现生长着一种奇怪的树木——"梓柯树"。这种树的树杈上生长着馒头大的节苞，节苞里充满了像水那样透明的液汁，节苞表面布满了细小的网眼。让人奇怪的是，它不仅不怕火烧，还拥有"自

纺锤树

动灭火器"。一旦遇到火灾,梓柯树就会把节苞里的液汁喷射出来,扑灭火苗。

有一位科学家曾亲身领教过这种树对火的敏感性,他有意在一棵梓柯树下,用打火机点火吸烟,当他的打火机中的火光一闪,立刻从树中喷出无数白色的液体泡沫,朝这位科学家的头上身上扑来,打火机的火焰被熄灭,而这位科学家也从头到脚都是白沫,浑身湿透。

经化学家研究,这些液体中含有大量的四氯化碳。生物学家估计,这种特殊"灭火"本领可能是一种遗传下来的保护自身的植物生理机能。我们现时所用的灭火筒,大多数灭火剂就是四氯化碳。这种树竟然比人类更先使用了化学灭火剂。人们称这种神奇的梓柯树为森林火灾的克星,它真是森林里名副其实的消防员。

在美国,经过对大量树木进行耐热和抗火试验,以及经过长期的筛选和精心的培育,最后选出了 14 种不易燃烧的树木,按一定比例、方式栽培在森林里,就能成为防止森林火灾的天然屏障。在我国的三明市,林业工作者指导广大群众在林间山脊处营造耐火性强的木荷、火力楠、阿丁香等树种做防护林带。在山脚林地四周,营造比较耐火的金橘、杨梅、棕榈、油茶、茶叶等经济林,做防护林带,不仅获得了较好经济效益,对阻隔和控制森林火灾的蔓延也已取得了显著的效果。广东省已建成以木荷为主的生物防火林带,在全省形成木荷化、网络化的生物防火体系,为我国发展生物防护林,提供了宝贵的经验。

 ## "酒鬼"植物

世界上爱喝酒的人很多,可如果说植物中也有酒徒,很多人一定会感到十分惊讶。其实,酒这东西,对各种生物也都有诱惑力。

日本东京葛饰区的帝释天佛寺内有一棵瑞龙松,高 10 多米,树干周长 1 米多,已有 350 多年的树龄了。当地居民米山宗春一家三代人一直照料着它。每年春天为它修剪完枝叶,主人便在树根周围挖掘 6 个洞,每个洞里灌入酒 10 瓶,十几千克。如不灌酒,此树便垂头耷脑,毫无精神。米山宗春说,这棵树至少已喝了 100 年的酒了。

有些植物还会偷酒喝。在英国牛津大学莫林学院，曾发生过这样一件趣事：放在地窖中的一桶波尔图葡萄酒，不知被谁偷喝光了。经过调查，才知小偷竟是一株常春藤。原来，长在院墙外的这株常春藤嗅到酒味，便把根穿过墙角，穿进地窖，伸到了酒桶里。这个神秘的酒徒神不知鬼不觉地把整桶葡萄酒都给喝光了。

你知道吗？

动物中的酒徒

苏格兰一家酒店老板饲养的一只猫，平时以酒作为主要饮料。这只猫喝完酒后，既不耍酒疯，也不去睡觉，而是精神抖擞地捉老鼠。在印度尼西亚苏门答腊的亚齐地区和我国江南的一些地方，春耕之前，农民们都要给即将下水田的水牛喝酒，因为喝了酒的水牛耕作起来劲头十足，而且特别听从使唤。凡是到过约旦河西岸约旦山谷的旅游者，都会对爱喝啤酒的骆驼"迈克尔"留下深刻印象。它从2岁开始喝上了啤酒，整天喝得嘴边堆满了白色的啤酒泡沫。此外，它还有个坏习惯，即只喝外国名牌啤酒。

 ## 穿越时空的真蕨

真蕨类具有大型扁平羽状复叶、掌状叶或单叶，以孢子繁殖。除少数具有乔木状的直立茎外，大多数具有横走的根状茎，生长地多为湿润而温暖的环境，也有少数生于干旱的山坡上或石缝中。

真蕨化石中保存的多为其叶，叶的中脉呈羽状或掌状，侧脉二歧分叉或二歧合轴分叉1次或数次，也有不分叉的，多成网状。孢子囊散生或聚成孢子囊群聚合囊，生于叶背，原始的单生于轴的顶端，也可保存为化石。孢子囊壁由1层或多层细胞形成，有环带或无；环带为一列或一撮孢壁增厚的组织。当孢子囊成熟时，失水、收缩而将孢子囊撕裂使孢子易于散发，其形态特征是分类的主要依据之一，对古植物学研究具有特殊意义。

真蕨类最早出现于泥盆纪，石炭一二叠纪（距今3.45亿～2.25亿年）时开始繁盛，在中生代时期最为繁盛。石炭一二叠纪时，真蕨类在数量上

桫椤

仅次于石松纲、楔叶纲和种子蕨亚纲，中生代时虽不及裸子植物的数量，但也是当时最为繁盛的类群之一。

真蕨与鳞木、芦木比起来，虽然没有那么高大，但却长着长而宽大的叶，并且在其茎内有发达的维管束。现如今，地球上许多长有大型叶的蕨类植物都是从古代的真蕨类演变而来。尽管现在的真蕨大多数都是矮个的草本，但是它们的祖先曾经在地球上辉煌过。这一点，我们可以从"蕨类植物之王"——桫椤的身上看到。

通常情况下，桫椤可以长到 1～8 米高，茎干直径可达 10～20 厘米，在茎的顶端长着羽状的大型复叶丛，看上去很像椰子树。产于东南亚、南亚和中国的白桫椤，高度可达 20 米，而新西兰的一些桫椤甚至长到了 25 米。事实上，在两亿多年前就有很多真蕨类植物要比桫椤还要高大。

真蕨如何才能传承到今天呢？

已知发现的最早的真蕨植物是原始蕨，大约出现在 4 亿年前，是裸蕨植物向真蕨植物过渡的中间类型。随后，到了泥盆纪的中晚期，又发展出枝木类、羽裂蕨类、依贝卡蕨类、十字蕨类、对叶蕨类等古老的真蕨。它们被认为是真蕨植物的第一代，但是到了石炭纪晚期，它们都消亡了，被石炭纪兴起的第二代真蕨所取代。然而，在二叠纪却发生了一次大灭绝事件，它们之中的大多数都未能逃脱厄运。到了中生代，又兴起了第三代真蕨，并且类型更多，一直发展并演化到现在。

就在种子植物大为繁盛的时候，真蕨也失去了往日的雄风，现存的大部分种类几乎都是矮小的草本。那些高大的真蕨被埋入地下，经过亿万年，形成了煤块。

 ## 开在顶处的花

大家都知道，海拔愈高，气候条件就愈恶劣，那里风雪很大，气温低，因此，会开花的植物很难生长在高山上。那些能登上高山的少数植物就会变得矮化而贴地，被称为垫状植物。

垫状态类型使高山的植物不那么"招风"，伏贴在地面的高山植物，大雪好像给它盖了一层被子，在严寒的气候下，得到保护。世界上长的地点最高的垫状植物，当然应当到世界上最高的地方——西藏去寻找。

通常人们认为，西藏地势高耸，尤其是高山和藏北地区，环境恶劣、多暴风雪，可能是不毛之地。早期一些植物学家对藏北羌塘高原也曾有这样的猜测。从 19 世纪开始，一些外国的植物学家、探险家在西藏进行过考察后发表的报告使人们对西藏、特别是藏南、藏东南的植物有了初步了解，但对藏北地区的了解还是很少。新中国成立后，经过一系列的科学考察，尤其是上世纪 70 年代中国科学院青藏高原综合科学考察队针对西藏的综合科学考察，出版了一套五卷的《西藏植物志》，人们对西藏的植物才有了比较全面的了解。随后的考察时常有新的发现，仅昆明植物研究所 (1992 年) 组织的对墨脱地区的越冬考察，就发现了 2 个西藏新记载的科，40 种新记载的属及 140 个在国内也属新记载的种。现在在西藏发现的维管束植物的科、属、种数分别占全国的 32.9%、38%、18%，其种类之多，除华南、西南个别省区外，其他地区均无以能比。

西藏植物区系是在第三纪喜马拉雅山和青藏高原隆升过程中逐渐发展衍生的年轻区系。在地域辽阔的高原上以禾本科、莎草科植物为主组成了高山草甸、高山草原以及高山荒漠草原。在西藏海拔 4200 米以上的草原、草甸地带，特别是平缓的山坡上和河谷中均能发现一些铺地而生、高不过

高山草甸地带

10厘米、外形浑圆、直径几厘米至数十厘米，甚至超过1米，像一圆形坐垫的植物，这就是垫状植物。它们并不是由许多植物密集生长在一起形成的，而是由分枝交织的一株植物构成。这类植物在北极高寒地区也有分布，但尤其在西藏特别多，有11科15属100余种。

其中的一种就是红景天属植物。这类植物多生长在高海拔的山地，就像高原上的石堆、高山岩屑坡、冰川堆积物、沙石质湖岸、石质河滩和阶地、高寒草甸等处。这类垫状植物，虽然有很多不同的种属，但是它们有一些基本类似的形态特征：植株较低矮，仅高2～3厘米，少数能长到十几厘米，一般紧贴地面，冬天不会枯死；分枝多而密集，节间较短，老的茎枝为多

红景天属植物

年生，叶柄基部扩展，紧裹茎枝；叶簇生于枝顶，在垫状体表面有一覆盖层；植物体通常表面长满绒毛。这些是与高原多大风、寒冷等残酷条件相适应的。密集的垫状体和表面绒毛可以形成一个独立的保暖系统，即使外界温度已在0℃以下，垫状体内温度仍可保持在2℃～3℃的范围，这足以保护幼芽的萌发和

正常发育。

　　实际上，红景天属植物并非很典型的垫状植物。蚤缀属、柔籽草属植物，以及点地梅属、棘豆属和黄芪属的部分植物才是最典型的垫状植物。

垫状植物

　　地表植物的一种。枝条具有背地性，向上方伸展，形成密集的团块状，在生活条件不良时芽可在其中受到保护。因为呈团块状，蒸腾作用小，水分保持良好，所以有利于在干旱地方生活，也是对低温和强风抵抗性强的植物。垫状植物大多分布在高原，也有些种类分布在高纬度的寒冷地区。全世界有超过300种垫状植物，其中的一些种类亲缘关系相当疏远，仅仅是因为生于相似的恶劣环境中，才长成了相似的模样。在我国，垫状植物主要分布在喜马拉雅山区、青藏高原和横断山区以及新疆的高山地带。

　　垫状植物既是高原严寒自然条件和强风等对植物生长抑制的结果，同时又是植物与生存环境长期磨合的结果。它们的主要伴生种有嵩草、兔耳草、大黄、红景天、风毛菊、囊种草等。

第六章 探索未知的奥秘

　　神秘莫测的茫茫宇宙和无奇不有的大千世界中,总有一些现象让人百思不得其解,总有一些事件令人难以置信。从浩渺的宇宙到美丽的地球,从蔚蓝的天空到幽邃的洞穴,从广阔的海洋到茂密的森林,从荒芜的旷野到喧嚣的城市……不管是野蛮的史前时代还是文明的现代,神奇的事件几乎存在于世界的每一个角落,千千万万的未解之谜随时等着我们去破解。

第一节 关于人的奥秘

史前"手印"

石器时代的人类祖先，在某种宗教仪式中，是否曾把他们的某个手指切掉？这是研究法国西南部加加斯山洞壁画的专家提出的一个相当有趣而尚未解答的问题。

这个山洞里的史前壁画引起的问题，与西班牙艾塔米拉及法国拉斯考等地方山洞壁画所引起的问题，同样使人议论纷纷，莫衷一是。加加斯山洞位于欧洲庇里牛斯山脉，距卢德不远，有"手掌山洞"之称。

在加加斯山洞里的黑色洞壁上，这些掌印历经3500年之久，仍光彩夺目，不曾褪色；有些掌印呈黑色，印在红色框里，另一些则是红色；大多数掌印总有两只或多只手指缺了一截。

加加斯洞穴的手印，也许是现存最古老的洞穴艺术形式，约成于3.5万年前的冰期后期，由今天欧洲人直系祖先克洛麦农人（因其骨骼首先在法国克洛麦农地方出土而得名）所绘。

克洛麦农人是旧石器时代后期某些穴居民族之一，但他们不是最早在加加斯山洞壁上留下痕迹的生物。在他们之前，于洞内留下痕迹的是一度在西欧各地游荡出没的巨熊。

这些巨熊像今天的家猫在家具上磨砺其爪一样，也在洞壁软石上磨锐前后肢的爪，于是就在壁上留下了爪痕。

在这些爪痕之间，散布着一些凹入土中的连绵曲线，则可能是人类模仿巨熊留下的痕迹，其历史也许比手印还要久远。

加加斯洞壁上，总共有150多个用摹绘或手绘的手印，其中大部分又是左手而不是右手的手印。

手印本身大多是红赭色，黑色手印四周边框也同为这一颜色。不论是红色还是黑色的手印，它们的表面都覆盖着一层轻薄透明的石灰石，也就是形成石笋和钟乳石的同一种物质，所以手电筒或灯光照射下它们都会发出闪闪的亮光。在潮湿的加加斯山洞里，这种沉淀物还在继续沉积。

对比一些时代较近的原始社会，例如澳大利亚土著民族的非洲某些部落民族的一些特征，发现山洞中的手印可能是原始民族文身习俗的外延行为的遗留现象。将涂有红赭石颜料手掌压在洞壁光滑的石块上，就会留下这样的掌印。而当手掌压上石壁时，液体或粉状颜料吹喷到手上，就形成了现在看到的喷绘效果。

还有可能是他们先将颜料含在口中，由唇间喷出，而在加加斯洞穴左手手印居多，很可能是右手持管子，然后喷出颜料。

为何手印上的手指都残缺呢？手印通常至少缺少两根手指的前两节，有的四根手指都没有前两节，有的除了食指都这样，有的只有食指及中指这样，有时则只有中指与无名指这样，但是拇指就从来没有残缺的现象。

仔细研究发现，这些手指很可能是被切去的，而不只是翘起来了。有的观点认为，生活于冰期的后期克洛麦农人，由于天气寒冷手指冻裂，有的手指失去了。

但是，一些人类学家认为，他们可能是故意切去一节或两节指节的，但是还不知道这一行为到底是什么目的。

我们在非洲卡拉哈里沙漠地区一个游牧民族和北美洲的印第安人中找到了相同的断指习俗，那些地区断指是为了作为祈祷新生婴儿好运的祭祀品或用来祈求猎神赐福。

在大而深的加加斯山洞中，往手印大量集中的部分探索即很容易能找到手印。既然有的民族用手印来作为宗教祭礼，这些很多手印的岩洞就以"手掌神殿"而闻名世界。

位于南美洲东部的巴西就有数百个这样崎岖幽远的洞穴，它们奇形怪状，神秘诡异，那里也因而形成了一片奇妙的风景区，引人入胜。在其中的一些洞穴中，还有至今不为人所识的万年古迹保存着。

戈亚斯州拉瓜桑塔约有 400 多个天然洞穴，其中大部分至今都没有被发掘，自 1971 年开始的十几年间，一个由外国学者与巴西学者组成的联合考察队深入发掘和研究了这里的十多个洞穴，收获了许多成果，发现了许多令人难以置信的奇迹。

在拉帕韦尔梅亚洞内，古人类遗物和一个完整的人类头盖骨被发现了，在科学家的鉴定下，认定这个头盖骨是距今 1.2 万 ~1.45 万年

印第安人

间的拉瓜—桑塔人化石。通过研究发现这种古人类体质形态有颧骨突出、眼眶狭小、前额低平、面部倾斜而短等主要特征。考古学家还在塞特拉瓜斯、马托西尼奥斯、佩德罗—莱奥波尔多等地一些天然洞穴里的石壁上发现了一系列怪异的雕刻绘画、象形符号和一些无法识别的古怪题词，它们雕工技艺精湛，令人诧异。

在佩德罗—莱奥波尔多的西坡有一块石山，面积达 100 多平方米，这石山虽有悬崖峭壁，峭壁上却有非常奇特的壁画，画面上有一系列神秘的题词，除此之外还有四个指头的手掌、六个脚趾的脚板、一些形似牧牛头、猫和猩猩以及其他一些无法辨认的动物形象，栩栩如生，还有一些运载图、游艺图，都极具表现力，这些画构图奇妙，画艺精湛。

另外，大量的陶器碎片又在巴西亚马孙河上游森林的文化遗址上层和地下被发现，这些陶片有的刻印有拟日纹饰和几何图形纹饰，其中一件上面还有鹿头装饰图案。

观察大量的石刻，上面所画形象较多的是太阳，据此，有的学者就认为当时人们很信奉太阳，古人可能就在此地祭拜太阳神。

在这里还发现数量较多的女性生殖器的形象，据此，有的学者认为当时这里可能是处于原始母系氏族公社阶段。妇女地位极高，人们知道母亲

却不知道父亲是谁，世系按照母系来计算，年老的妇女一般担任氏族首领。

考古学家通过分析研究洞穴里残存的烧炭和灰烬，得出结论：这一地区的文明早在 9000 年至 13000 年前，就已经非常发达。

还有的学者做出考证，这里最早的古代居民已经全都灭亡了，主要灭亡的时间和原因，现在已经无法考察。

有的学者认为，只有用非常锋利的金属工具才能雕刻成这些壁画题词。但是，几千年或一万多年以前的地球上并没有金属工具，用当时的石刀、石凿子之类的原始工具绝不能完成这样的壁画题词。

石壁上的题词排列非常有规律，有人认为，这些题词有的可能是古人用来帮助记忆的一些表意符号，而且其中有些符号很像欧洲斯堪的纳维亚所发现的远古字母。因而，他们认为早在几千年或一万多年前美洲与欧洲在文化上就有了联系，过去史学界一致认为，欧洲航海家哥伦布于公元 1492 年第一次发现美洲"新大陆"，这种论断似乎瞬间被推翻了。许多学者因此产生了很大兴趣，并进行热烈的探讨，西方读者也因此而兴趣十足，对此纷纷热议。

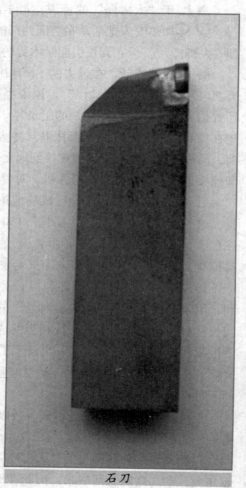

石刀

另外，有人根据石壁上刻画着的六个脚趾的脚板、四个指头的手掌等奇怪的画像，认为那是被称为"天外来客"的"宇宙人"的形象，根本不是每只脚只有五个脚趾、每个手掌都是五个指头的地球人类所画。到底什么才是真相？考古学家们今后还需进行深入探索和研究。

"大脚怪"

关于"大脚怪"的传说，最早出现在 200 多年前的美国。当时的印第安人把活动在美国西部的巨大人形动物称作"沙斯夸支"（意即"大脚怪"）。但它真正引起学术界的注意，还是在 20 世纪 50 年代以后。

据 1979 年统计，在过去的 14 年中，仅在美国西北部的偏僻山区，就有 50 多人看见过"大脚怪"。据说当地的一位名叫伊凡·马科斯的猎人还曾拍下了有关"大脚怪"的纪录片。据伊凡·马科斯说，当时他正骑马走在加利福尼亚北部的大森林里，突然一个身型巨大的"大脚怪"冲到马前，马被吓得直立起来，他被摔到地上。奇怪的是那个怪物没有向他进攻，却掉头走了。他急忙拿出摄像机，对着"大脚怪"拍了 7 分钟。

后来，有人还在这一地区成功地拍下了"大脚怪"在小溪里洗澡的情景。这一组照片是距离"大脚怪"150 米左右拍下的，从照片上能看出它往自己身上泼水的动作。据拍摄者说，它洗完澡后，又大力摇动了几下身体，抖掉身上的水，之后才慢慢向山里走去。

1972 年 1 月 21 日，美国加利福尼亚州萨克拉门托市的新闻记者艾伦·贝利，用录音机录下了一段"大脚怪"的叫声。从其音域的范围和呼喊的时间长度看，这家伙的发音系统相当发达。1978 年 9 月，一位妇女在美国俄亥俄州西边的一个地方，又一次录下了"大脚怪"的叫声，那叫声像狗叫，又像人在痛苦时发出的惨叫。经专家鉴定，这可能是灵长类动物的叫声，而不是机械声或人声。

到目前为止，人们已经得到了数以千计的"大脚怪"的脚印浇注模型，有的还能辨认出上面的趾纹。

科学家们综合各种有关"大脚怪"的材料，归纳出它的大致形象：身躯高大，平均高度为两三米，因此在地上留下了巨大的脚印；外形像人，体毛呈棕色。

有人分析，"大脚怪"可能是远古巨人族的后裔；远古巨人族由于某些特殊原因，在某个特殊的地理环境中保留了它的原始性，没有向现代人

木乃伊的棺木

进化，随后变成了"大脚怪"。

但很多学者并不相信在人类历史上曾经出现过巨人族。1980年，美国学者约翰·格林曾发表过一篇名为《关于人类怪物的探索》的文章，他认为，很多人把"大脚怪"看作是一种罕见的人科动物，是不正确的，因为这种动物与人无关，是一种非侵犯性的巨型双足猿类。

1989年5月，人类对"大脚怪"的研究工作又有了突破性的进展。荷兰学者洛基菲纳在埃及进行考古研究时，在一座5000多年前的古墓里发现了一具"大脚怪"的木乃伊。其身高约2.2米，全身用白色的裹尸布包裹着，其身躯有95%没有损坏和腐烂。

相信在不久的将来，"大脚怪"之谜将大白于天下。

 第四肤色

大家都知道，人类的肤色是黄、白、黑三色，如果有人说见过一种长着叶子般绿色皮肤的人，一定会被认为在说梦话，肯定是科幻电影看多了，在描绘外星人。实际上，在现实中真的存在过绿色人。

1. 山洞中走来的怪人

在一百多年前的西班牙，曾经发生过一件非常诡异的事件。1887年8月的一天，在西班牙小镇庞诺斯村，村民们像往常一样，正在田里忙着收获。他们中有人突然发现，从附近的一个山洞里走出来两个怪孩子——他们的肤色是绿色的，身上所穿的衣服面料也是当地人从来没有见过的。而且两个孩子所用的语言也非常奇怪，村里人没人能听懂；对于村民们给他们的食物，他们也拒绝食用，很显然这两个孩子对周围身边的这群人同样充满困惑甚至敌意。

村民们对这两个突然出现的孩子感到奇怪，甚至有点恐惧，于是赶紧告诉了当地的治安官。治安官请来了相关专家对这两个孩子进行检查，但

专家们也傻了眼：他们的语言并不属于地球上当时已知语言中的任何一类，根本无法沟通；他们的长相，脸庞像非洲人，但黑黑的眼珠却像亚洲人，至于绿色的皮肤，是由皮肤中的绿色素所致；在众多食物中，他们只对青豆感兴趣。其他方面，专家们再也找不出什么来。

不久，男孩由于体力太弱死去了，小女孩却活了下来，由当地的治安官收养。在以后的生活中，小女孩身上的绿颜色慢慢地消退了一些，并学会了一点点西班牙语。对于自己的来历，她给了人们一个莫名其妙的答案：她生活在一个没有太阳，终年漆黑一片的地方，是一阵旋风把他们卷起，抛到了这个山洞里。至于他们住的地方在哪儿，她说不清楚，其他人更不得而知了。1892年，在地球上生活了5年的绿皮肤小女孩还是死了。关于他们的一切就成了一个永远的谜。

其实关于绿色人的传闻不止这一例。据说11世纪从英国的乌尔毕特的一个山洞里也曾走出来过两个绿孩子。传说中对于这两个孩子的描绘与1887年在西班牙发现的这两个绿孩子几乎完全相同。更为诡异的是，传说中的那个绿女孩也说他们来自一个没有太阳的地方。

抛开这些令人困惑的外来绿色人不说，据目前的科学考察发现，地球上还真的存在有绿色人部落。他们生活在非洲的原始森林里，过着穴居生活。绿色人的总数大概在3000个左右，和绿孩子一样，他们全身的颜色像青草一样翠绿，甚至连血液也是绿色的。他们有自己的语言和习俗，和被发现的绿孩子口音一点也不同。他们之间是否存在联系还很难下结论。

如果在西班牙和英国发现的绿孩子不属于非洲的绿色人部落，那他们来自哪里？是否是从同一个地方来的？他们究竟是什么人？为什么会出现在地球，真的是因为威力巨大的旋风？

2. 野人还是外星人

绿孩子的发现在世界范围内引发了所有人的关注，研究人类起源的生命学家更是对此如获至宝。由于没有更多的资料可以供研究，高度重视此事的科学界也只能做出了种种推测。

一部分科学家认为他们是野人。在世界上很多国家都曾发现过野人的踪迹。如中国的神农架野人、喜马拉雅山的"耶提"野人、美洲发现的"大脚怪"、非洲的切莫斯特野人、澳洲的约韦野人……所以这两个绿色孩子也只是一种奇特的野人。

神农架的森林

你知道吗？

神农架野人

　　神秘的北纬30°线，链接着一串串绚丽多彩、摄人心魄的世界自然之谜——百慕大三角、埃及金字塔、诺亚方舟、撒哈拉大沙漠、珠穆朗玛峰……神农架野人之谜也令人注目地串在这条神秘纬线上。神农架野人，据说是生活于神农架一带的野人，古有屈原野人诗一首，从解放前就不停有执著的探险家在一直考察，找到的也就是一些所谓脚印、痕迹。但时至今日也没有足够令人信服的证据证明神农架野人的存在。

　　但将绿色人归为野人却引来了更多科学家的质疑。因为绿色人从体态、智商等各个方面都和人类近似，只是肤色不同，这与常说的野人智力低下、身形高大、力量超强等近乎于动物的一些特征截然不同。一方面至今还没发现过有绿色皮肤的野人，另一方面野人是否真的存在也是一个谜。

　　除"野人说"外，还有一派的观点认为他们是外星人。据见过 UFO 和外星人的人称，很多人都将外星人描绘成会发绿光、身材矮小的生物。对

第六章　探索未知的奥秘

外星人想象图

于外星人的存在，虽然至今没有可靠的证据可以证实，但几乎所有人都认为在浩瀚的宇宙中，地球肯定不会是个特例，必定有星球上存在着其他的生命体。绿孩子也不见得就非得是地球上的生物，他们自称是来自一个没有太阳的地方，这个地方究竟在哪里，会不会是太阳系甚至更远的外星空呢？

如果假设他们就是外星人，也会有很多地方解释不通：能够从遥远的地方来到地球，肯定会有着普通人所不具备的能力，可为什么出现在地球的这两个小绿色外星人并没有人们预想的超能力，甚至还显得异常的脆弱呢？难道真的是一些科幻电影中讲述的那样，某星球出现劫难，把他们的孩子留在地球上以求获得种族存续吗？又或者是他们因能量耗尽，又不适应地球环境而无法生存？

另外，有人认为他们是外星人派出的"考察团"，来探测地球的情报，就如同我们地球人想获知外星空的秘密一样，外星人也抱有同样的想法。这种推测具有一定的道理，但人们发现这些绿孩子的智商并不高，如果他们真的是外星人的"考察团"，应该表现得更出色一些，否则怎么可能被委以重任而派到地球呢？还有一点，小绿人最终都"客死"地球，如果真是外星派出来的小"间谍"，为什么没有来接他们回去呢？无论怎么解释，都存在着太多的疑点。

所以至今关于这两个小绿人究竟是野人还是外星人，人们还没有得出一致的结论。也许他们既不是野人也不是外星人，而是我们未知的另一类生命体。

 吸血僵尸

自古以来便有吸血僵尸的传说。无论是哪一种吸血僵尸，是干瘪如木乃伊般苍白瘦削的，或是臃肿迟钝的，总是在夜里离开墓穴害人，使受害者也变成吸血僵尸。

吸血僵尸引起人类内心最深处的惊惧，使人饱受折磨。蓝眼睛或红头发的人、出生时有牙齿的婴孩、若干脑病的患者，都曾经被人与僵尸的恐怖形象联系起来。

中欧人和东欧人对吸血僵尸想象最丰富，传说也特别多。其中以 15 世纪后期杜勒古拉王子死后在偏僻的特兰施伏尼亚（即"森林远处之地"）传说最盛。杜勒古拉嗜血的可怕故事流传开来，加上瘟疫不时发生，人人自危，都惧怕被当作死人活埋。迷信的人轻易相信"未死"的人在夜间从坟墓里跑出来吮吸人血的"真"故事；怀疑吸血僵尸作祟则把他们的尸体挖掘出来，用尖木戳穿其心脏，或割下首级焚烧。

这类例子，书上记载极多。到今天这些故事已成为电影的创作灵感，同时很多人也相信，圣水和十字架或大蒜和香草足以阻挡吸血僵尸。

虽然历来不少人写过有关吸血僵尸的小说，但以斯托克在 1897 年所出版的著名小说《杜勒古拉》最使大众着迷，至今仍然脍炙人口，看得人幽思遐想，津津有味。

谁都听过《杜勒古拉》这本小说或看过改编拍成的电影，更不用说各类续作和仿作了。但有些人不知道书中那个骇人的伯爵原来确有其人，是一个 500 多年前的东欧人。历史上很少有比他更令人毛骨悚然、触目惊心的人物了。

《杜勒古拉》这部小说的地理背景特兰施伏亚和书中主角名字，都有事实根据。中古时代，罗马尼亚有一个省份瓦拉齐亚，位于特兰施伏尼亚山脉和多瑙河之间。1 世纪时期的瓦拉齐亚，是欧洲中部匈牙利王国和土耳其鄂图曼帝国间的缓冲地带。

1453 年，鄂图曼帝国吞并了君士坦丁堡，国力臻至巅峰。当时瓦拉齐亚的君主杜勒古，采用龙的徽号作为他个人的标识，而杜勒古这个名字也有"龙"的意思。几年之后，他的儿子伏勒德继承皇位，得名杜勒古拉，即"龙之子"的意思。

伏勒德·杜勒古拉王子约生于 1430 年，对残暴行为从小就耳濡目染，知之甚稔。因为他小时候曾被土耳其人掳作人质，困禁在一个叫埃格里戈兹（意思是"淫邪眼睛"）的堡垒里。其后匈牙利统治者下令杀死他的父亲，又把他的兄长活埋，他都一一目睹。因此，杜勒古拉在疯狂的统治期内，不断地把学会的一切暴力和野蛮行为付诸实施，而且变本加厉。

杜勒古拉当时有一个非常知名的外号，叫做"穿心刽子手"伏勒德。他最喜欢把土耳其人犯或任何惹他不快的人，串在尖锐的铁桩或木桩上。为了使这种残酷无比的行刑方法达到极致，暴君杜勒古拉经常下令把刺桩稍微弄钝，而且涂上少许润滑脂，所以施刑时刺桩就会慢慢插入人体的重要器官，令犯人死前多受些痛苦。

杜勒古拉想出好几种方法，宣泄他的虐待情绪。一些土耳其使者忘记在他面前脱帽，他便干脆把那些惹他生气的帽子钉在使者头颅上。他非常憎厌弱者，有一回他把一群乞丐和跛子驱赶到一个张灯结彩准备盛宴的大堂里，然后下令封闭门窗，放火焚烧。

现存的一幅伏勒德·杜勒古拉画像，把他绘成一位相貌俊美、衣着出众的年轻王子，而部分历史学家因他貌似和善，便认为他的残暴形象是政敌恶意捏造的。他们同时指出，杜勒古拉曾率领国人奋勇抗击入侵的土耳其人，他支持农民对抗残暴的东欧贵族；他的国家本来因为内忧外患而四分五裂，是由他重建秩序的。

替他辩护的人更举出一些善行做例子，其中一项是捐赠一只金杯给瓦拉齐亚一条村落的广场喷泉。他放火烧死乞丐和跛子的事件，有些人辩说是造福社会，因为当时瘟疫流行，他的目的是扑灭疾病。

虽然如此，大量证据则证实多数历史学家的看法，断定杜勒古拉是个残忍无道的恶魔，比同时代的波吉亚和 16 世纪的暴君伊凡四世等人有过之而无不及。

1476 年，他自己也得到应有的报应，不过我们还不知道确实的情形。他可能被政敌刺杀，或者为土耳其人杀害。无论如何，他的头颅被割了下来，钉在木桩上公开示众。

杜勒古拉的生存年代，刚好是德国人古腾堡 (1440 年) 发明活版印刷技术之后不久，因此他的暴行立即不胫而走，广为流传。

1499 年，一本德国书刊载一幅版画，描绘这位罗马尼亚人在一堆被钉死的受害人中饮宴。另一些有关其恶行的记载，暗示当时举行过吃人肉和吸人血的仪式。虽然没有真凭实据证明他嗜吸人血，但是他一定很喜欢观看流血场面。他的残酷行事既有真凭实据，那么关于他是个恶魔、吸血僵尸的传说，自然会随着岁月而广泛流传。

他的墓穴已确定在罗马尼亚某地一个湖中的岛上。

在 21 世纪初，有人发掘墓穴，发现内里空空如也。他的尸身是否在下葬后的某个黑夜给弄出来，用尖木刺穿心脏呢？这个想法听似无稽，却并非没有可能。

你知道吗？

僵尸

僵尸起源：说法一，传说最早的僵尸是轩辕黄帝之女——女魃，只因蚩尤下了一个诅咒，所以变成僵尸了。说法二，僵尸一词出于《大千录》，是道家的一本著作，僵尸的意思是：四肢僵硬，头不低，眼不斜，腿不分，尸体不腐烂。说法三，据湖南民间传说，僵尸最早是用来贩毒的。说法四，《阅微草堂笔记》把尸体成为僵尸的原因分成两项：新尸突变及葬久不腐。说法五，清朝野史，述异记（东轩主人著）中有出现僵尸的故事。

第六章　探索未知的奥秘

第二节 关于动物的奥秘

神秘的太岁

自古以来，中国就有关于"太岁"的传闻，据说它是一种神秘生物，人吃了它可以长生不老，就连李时珍的《本草纲目》中都有对它的记载。而"别在太岁头上动土"这句话更是妇孺皆知。那么，这神秘的"太岁"究竟是什么呢?

1. 神秘的肉团

近些年来，一种神秘的肉团不断吸引了大家的视线，这就是传说中的"太岁"。1992年农民吴凤莲发现的太岁事件当属最为著名的。

当时吴凤莲在渭河里发现了一个肉团，竟然重达20多千克。吴凤莲把这个大肉团放到一个木屋里，据说之前里面许多的肉竟然都消失了。当地人觉得非常奇怪，纷纷前来观看。后来，吴凤莲用从这个肉团上割下来的一小块肉熬了一锅汤，他喝了之后整个人顿觉精神百倍，浑身劲头十足。这件事就这样被传开了，媒体也给予了很大关注并进行了大肆报道，有关专家仔细观察了这个肉团，认为这就是传说中的"太岁"。

2. 第四种生物

虽然科学界一直以来都非常关注太岁，然而对于太岁究竟是什么，仍无定论。

第一种看法认为太岁是一种"特大型罕见黏菌复合体"。在显微镜下观察时，发现它的组成成分非常复杂，有非常多的菌体，而且品种各异，既有原生质生物的特点，也有真菌的特点。

第二种看法认为太岁是生活在土壤之中、没有特定形状、生命力极强的黏细菌，是一种介于原生物和真菌之间的生物。

第三种看法则认为太岁是高等真菌，南开大学生命科学院的白玉华教授在用显微镜观察太岁时发现它体内有真菌的菌丝。

但也有科学家对这些说法提出了质疑，认为太岁可能是生命进化过程中的原生质生物。说它是"黏菌群复合体"太过笼统，因为目前科学界对"黏菌群复合体"这一概念仍没有完全认定。至于说其是黏细菌或者高等真菌则显然不能成立，因为在试验的过程中，很多专家都在太岁体内发现了不同于黏细菌或者高等真菌的特点。

对于太岁到底是何种生物的争论一直未停止，有学者甚至提出它是自然界中非植物、非动物和非菌类的第四种生命形式。对于这种大胆的推测，应声者寥寥。

至今，科学界仍还不能清楚解释太岁到底是什么物种，也许将来通过分子系统分析等研究，才能将太岁身上的秘密慢慢解开。

实际上，人类对于菌类的研究还远远不够，目前存在于自然界的菌类在 150 万~200 万之间，但科学界只对其中大约 5% 的菌类品种进行了研究。这也是科学家之所以不能对太岁进行透彻研究的原因之一。

3. 别在太岁头上动土

民间有"别在太岁头上动土"的俗语，其中提到的太岁就是前面说的"太岁"。这句话现在有两层含义，一是指那些凶恶、难惹，称霸一方的人；二就是上面提到的生命体。如果盖房子挖地基时挖到了太岁，就不能在这里继续盖房子了。太岁有怎样的神奇力量，竟能阻止人们动土建房呢？

其实，这是中国民间流传的一种忌讳。传说中，天上还有一个天体叫太岁，它和木星的运动速度相同，方向相反。太岁运动到哪个区域，在地球上相应的位置就会出现它的化身，即我们能够看到的这肉团状的实体。如果不小心挖到了太岁，时运不济的人很可能会因此招来灾祸。

对于这种说法，中国很多古籍上都有记载，如在唐代《酉阳杂俎》一书中记载了这样一个故事：有个叫王丰的人，"于太岁头上掘坑，见一肉块，大如牛，蠕蠕而动，遂填，其肉随填而长。丰惧，弃之。经宿，长塞于庭。丰兄弟奴婢数日内悉暴卒，唯一女存焉"。现代的一些关于风水的书籍中，也都有详细的讲解。我们一般对此都会认为是封建迷信，而现代的科学家在对太岁及其生活习性进行初步的研究之后，却给出了令人意想不到的答案：在太岁头上动土，真的可能会引来不幸。

经过研究发现，太岁可能会分泌出一种病毒，其藏身之地周边的土地很可能都会受到污染。人一旦在挖地时掘到太岁，土壤中积存的毒气可能就会挥发，致使周边的人中毒。另外，太岁活动的区域土质常会异常松软，甚至出现"土地液化"现象，建造在这种土地上的房屋很可能会坍塌，带来生命财产损失。

当然，这是一种解释，只是提示人们注意这样的情况，并不是肯定"太岁"有什么魔力。

4. 真的是长生不老药吗

关于吃了太岁可以长生不老的传言在中国已有千年，先秦古籍《山海经》中就有记载。书中称太岁为"视肉、聚肉、肉芝"，并且"食之尽，寻复更生如故"，也就是说人吃了太岁身上的一片肉，它还可以自己再长出来。这或许是"长生不老"一说的由来。因此，历代的帝王将相都千方百计地寻找太岁。

传说，秦始皇派徐福去找的长生不老药中就包括太岁。《史记·秦始皇本纪》记载：秦始皇在灭掉东方六国、统一中国之后，便想长生不老永世为君，当他听说东方有长生不老药的时候，便亲自带人前去寻找。后来又派方士徐福出海寻找不老药。秦始皇提供了大量的人力、物力，但最终无果而终，倒是衍生了不少传说故事。

其实，很多人相信太岁能够让人长生不老，来源于明代名医李时珍所著的《本草纲目》。《本草纲目》称太岁为"肉芝"，将其描绘成"肉芝状如肉，乃生物也。白者如截肪，黄者如紫金，皆光明洞彻如坚冰也"。并称其为"本经上品"，对一些疑难杂症有特殊疗效，并认为其"久食，轻身不老，延年神仙"。

在现代医学看来，李时珍的说法站得住脚吗？很多专门研究太岁的专家都给予了很保守的回答。专家们认为太岁作为一种古老的神奇生命体，在其身份归属还没有搞清楚之前，到底能不能食用，也是不能完全确定的。因此，传说中太岁的各种神奇功效，乃至吃了之后可以延年益寿等说法，需要时间和实验来验证。

毒蛇"朝圣"

这 个标题很可能是会引发读者的疑惑，毒蛇也能朝圣吗？它朝什么圣呢？大千世界，怪事时有发生，这并不是人们凭空捏造的事件，而是发生在希腊的西法罗尼岛上的真实事情。

毒蛇

每年 8 月 15 日前后，悬崖峭壁和山林洞穴里都会爬出数以千计的毒蛇，朝往这个小岛上的两座教堂，然后在教堂的圣像下面盘踞。一段时间之后，这些毒蛇才会慢慢离去，好像是受到了谁的指挥一般。这些蛇带有剧毒，被它们咬一下就会失去性命。但这些毒蛇却非常和睦地和岛上的居民相处，对他们很温顺。在岛上的居民看来，这种毒蛇是神蛇，能够驱邪治病，触摸它一下，就能受到神灵的保佑。

令人疑惑的是，为什么毒蛇要在 8 月 15 日圣母升天节这如此重要的一天进行朝圣呢？并且每一条蛇的头上，都有一个标记，酷似十字架，这更使人们感到不解。据记载，这种毒蛇已经"朝圣"了 120 多年。

这到底是什么原因呢？西法罗尼岛上的人们是怎么样解释这件事的呢？在岛上，一直有这样一个悲惨而感人的故事流传。

在很久以前，西法罗尼岛就已经非常美丽富饶，人们生活无忧，安居乐业。可是突然一天灾难降临，一伙强盗在这个岛上烧杀抢夺，无恶不作，还把 24 名年轻貌美的修女关押了起来。这一情况被圣母知道了，为了使那些无助的修女不被强暴，就把她们都变成了毒蛇。强盗们眼见美女竟然成为了毒蛇，吓得四处逃跑。那些变成蛇的少女却没有变回人形，为了报答圣母的恩情，此后每年 8 月 15 日前后，就一齐前来朝圣。

传说终究只是传说，科学上怎么解释这一现象呢？莫非是教堂里有什么气味能吸引蛇？如果是因为气味，为何就那几天才会散发出来呢？至今我们还没有得到确切的答案。

 ## 速冻巨象

1979 年，在西伯利亚的毕莱苏伏加河畔，有人曾在冻土里发现了一头半跪半立的古代长毛象。这头长毛象身上的肉非常新鲜，更奇怪的是它的毛发里藏着鲜花，显然，它是被"速冻"的。

这样的巨象在西伯利亚的冻土带普遍存在。据专家考证，和前面提到的那头长毛象一样，它们至少生活于距今两万年以前。

毕莱苏伏加河流域的很多人见过那头象的肉，新鲜且很有弹性。而以前或别的地方发现的被深埋冰冻的古动物，基本都骨肉模糊，难以区分。

长毛象化石

那么，古长毛象的鲜肉如何能够保存下来？它是怎么死的呢？有人认为，古长毛象在寻找食物的过程中失足掉进冰川而死，在冰川中经过长年的冻藏，身体依然能保持新鲜不腐化。

这是事实的真相吗？但是古长毛象的发现地并没有冰层或冰川地，并且西伯利亚在1万年或更早远的时期并不存在冰川。这里只有冻土苔原地带，这里的冻土由土壤、沙或者淤泥构成，那么长毛象是在冰土里保持新鲜的。

于是，又有人认为，这些长毛象在上游冻川失足坠入河中，随后顺流冲至下游河边并被埋在了淤泥中。这也说不通，因为古巨象是在与河相距很远的苔原上而不是河边找到的。还有最重要的一点，这些古巨象还是呈站立或半跪的姿势，像是瞬间死亡。

食物冷冻专家则说，以西伯利亚气候情况来看，古象被速冻是不可能的。这就产生了更多的谜团。一般来说，400千克左右的肉在45℃以下的低温能被速冻，而重23吨并有厚毛皮保暖的活生生的长毛象必须在−100℃以下的低温中才能被速冻。而在地球的历史上，从未有过如此低温的时期。更无法解释的是，这头被速冻的长毛象的毛发里还藏着金凤花。

金凤花一般生长于温暖湿润的环境中，我们无法想象，在温暖环境之中长毛象啃着金凤花，由于严寒而瞬间被冻死了。这在科学上也不能解释。

还有人推测，正在西伯利亚的冻土带吃草的长毛象，突然遭受温度极低的寒风侵袭，犹如电冰箱里循环的冷气入侵，长毛象的全身瞬间被寒冷包围，内脏马上冻结，血液凝固成为了冰。不到几秒钟，长毛象死亡，几小时之内就变成了坚硬标本，后来逐渐沉入了地下。

但是，上述推断还是遭到了许多人的反对。他们认为，那般严重的狂风能够瞬间将长毛象冻结，那么地球上所有的动物可能都因此而毁灭了。看来，这头古长毛象为何能保持万年新鲜，仍然还是不解的谜。

你知道吗？

长毛象

长毛象即猛犸属下的真猛犸象种，它们在北半球的分布极为广阔，它们生活的区域从欧洲西邻大西洋起向东，横跨整个欧亚大陆北部，越过白令海峡，延伸到北美洲。长毛猛犸象，又称长毛象，外表披着长毛，因而称为长毛象。长毛象的体型和现代的非洲象相似，但具有一身的长毛，头部前额高耸，门齿卷曲呈缠绕状，白齿齿板数较多且密集等主要特征，为草食性的动物。长毛象是一种在石器时代分布于世界各地的动物，现在已经绝种了。

 ## 冻不死的虫

一个只有 5 厘米大小的无脊椎软骨动物，竟能够忍受极地零下几十度的极度寒冷；它们夜出昼伏，而且一到冬天便神秘失踪；更神奇的是，这些小东西竟能够在坚硬的冰层中自如穿梭。科学家从它们能够忍受寒冷的构造中受到启发，很有可能会破解器官移植的障碍，甚至找到外星球生命。它们，便是极地冰虫。

冰虫是目前地球上发现的最不怕冷的动物，也是至今发现的唯一一类冻不死的生命体。冰虫最早是由美国西雅图著名摄影家柯蒂斯在 1887 年发现，并为之取名"雪鳗"。但那时很少有人会关心这样一类生活在冰天雪地之中，只有 5 厘米大小的小生命，直到近年来全球变暖问题越来越受到重视，这些会因全球变暖而灭绝的生物才引起了研究者们的注意。

极地冰虫是少数活跃在极地低温下的生物之一，而且较之其他生活在极地地区的动物更加神奇。在极地常年的冰天雪地之中，普通动物置身其中都会被冻成冰棒，甚至连细胞都会被冻得"咯咯"响。就连世界上最大的陆地食肉动物北极熊也是靠一身厚厚的绒毛来抵御寒冷，但体型微小的冰虫却可以赤身裸体地穿梭在极地的冰块中。有一位名叫普策尔的研究雪地动物的专家曾这样描绘过冰虫："当温度下降时，冰虫体内马上制造能量。就像往油箱里加汽油。"

极地冰虫是目前发现的最大的无脊椎动物，它们个头非常小，在雪地里就像一丝细细的小黑线。

极地冰虫

冰虫生活在终年积雪的冰川地带，是冰原上最活跃的生命之一。在美国阿拉斯加、俄罗斯和加拿大的北冰洋沿岸都可以找到它们。科学家们研究发现，冰虫的细胞膜和细胞酶在低温下才能够正常新陈代谢，使细胞膜保持固有的弹性，所以冰天雪地的极地才能成为它们最舒适的生活环境。

极地冰虫是群居生活，在显微镜下就能看到这些拥挤在一起的小家伙，伸着蓝色的鼻子，机警地前行。它们以海藻、花粉以及其他微生物为食，生命力非常顽强，为了延续生命，它们甚至会彼此咀嚼对方的尾巴，来获取一点养分。科学家曾做过一个实验，把几只冰虫放在冰箱里关了两年，在没有外来食物的情况下，两年后它们依然顽强地活着，这使冰虫成为世界上最抗饿的动物之一。

冰虫也有一个致命的弱点——怕热。只要温度升高到 4℃，冰虫的细胞膜就开始融化，细胞内的酶也化成一堆干草模样的黏稠物。为什么会出现这种情况，至今仍是一个谜。

地球生物的明天：生物进化

第三节 关于植物的奥秘

"变性达人"

变性，虽然在人类社会已不再是禁忌，但是很多人变性后都选择低调，尽量避免自己成为别人茶余饭后的谈资。但在植物界，改变性别却是再自然不过的一件事。自然界中，大多数植物都是雌雄同株，在一株植物体上既有雌花又有雄花，或者一朵花中同时存在有雌雄器官，更有一些会因外界温度和环境的改变而变性。如人们饭桌上常见的菠菜就会变性，菠菜本是雌雄异株的植物，但科学家发现，在高温影响下，菠菜竟可以由雌性变成雄性。雌雄同株的小麦、栎树和槭树等，如果遇到干旱，就会"越来越男人"，最终变成单一性别——雄性。番木瓜更让人惊奇，这一植物在受伤后就会变性，如果它的幼苗无意中被砍伤，就会由原来的雄性变成雌性。

栎树

印度天南星

在众多会变性的植物中，最著名的要数印度天南星了。它常生长在温带和亚热带地区潮湿的林下或小溪旁。目前分布在美国缅因州和佛罗里达州的森林里。印度天南星是天南星科多年生草本植物，植株有雄株、雌株和无性的中性株三种类型。有趣的是，这三种不同性别的植株可以互相转变，而且不像动物那样只能变性一次，印度天南星的变性可以年复一年地进行，直到植株死亡为止。经过长期观察和研究，人们发现，印变天南星的性别变化与植株体型大小密切相关。

北美洲有一种会变性的树，即红枫树，在北美洲非常普遍。美国波士顿大学的植物学家在经过 7 年的观察和研究后，发现他观察的 79 棵红枫树中，有 55 株一直都是雄性，其中有 4 株雄性红枫树会开出一些雌性的花朵；而另外的 18 棵雌性红枫树中有 6 株偶尔会开雄性花；最后那两株每年都发生着性别的变换，令人非常费解。

这些植物为何突然发生变性呢？这是它们的生物本能，还是因为某种

红枫树

刺激而引起了基因突变？植物学家对此有着非常浓厚的兴趣。

经过一系列的实验研究，植物学家终于找到了导致植物变性的原因。原来在植物体内，有一种激素能够控制植物的性别，一般情况下，这种激素能使植物性别保持稳定。但是如果自然环境发生恶化，如干

印度天南星

旱、植物受损等，或者其他会影响植物正常生长的情况发生，就会影响这种激素的分泌，一旦这种激素分泌多或者少于正常情况，植物的性别都可能因此而改变。在普遍情况下，植物也可能因为温度、水分等条件比较优越而发生变性，由之前的雄性变成雌性；相反，在恶劣的环境下，植物就可能由雌性变为雄性。不过，植物的这些改变都是为了生存而发生的改变，以利于繁衍后代。

另外，印度天南星通常将变性作为应对环境恶化的"法宝"。如果它的叶子被动物吃掉了，或者因为大树长期遮挡光照不足，它也可能会从雌性变成雄性，在生存环境得到改善时又变回雌性。中性植株体内的营养物质也决定了它们的存在。当它体内的物质不能将其变为雌株，又不愿意变为雄株时，它们就暂时变成中性。

这是导致大多数植物变性的一大原因。

但至于红枫树为何变性，科学家却表示疑惑不解，因为与其他植物性变的条件相比，红枫树变性的机制表现出了很大差别，它变性的原因到现在还没有很好的解释，仍是一个谜。

 会说话的花

我国辽宁省朝阳市退休职工戴某家，出了一件蹊跷事。他家中养的一盆十字梅竟然发出声音，邻里都为此称奇。

1995年3月16日20时30分，许多人来到戴某家观看。那盆十字梅真的发出声音，只听"嘟……嘟……"的叫声持续了两三秒钟。

此后每隔五六分钟便重复一次。有的人怀疑是昆虫作祟，便对花盆的里里外外、花枝花叶都进行了仔细查找，结果没有发现其他任何生物。

据戴某的妻子介绍，这盆十字梅于1993年7月从她儿子家挖出幼苗栽植，至今长势良好，未开花朵。1995年正月初七的晚上，老两口正在家中看电视节目，突然听到"嘟……嘟……"的响声，声音成串，而且长时间不停。夫妻俩以为电视机出了故障，便关了电视。

谁料声音却更加清晰、响亮。老两口又顺着声音寻找，结果发现声音来自电视柜旁的那盆十字梅。他们用手扑打花枝，用力摇晃花盆，却没有丝毫作用，那梅仍叫个不停。

从此，一到晚上，它便发出"嘟……嘟……"的声音，而且富有节奏，它每连续叫几秒钟便间歇片刻，响声往往彻夜不息。为此，主人只好把它挪到一间空闲房间，晚上关好房门才能入睡。

据朝阳市园林部门的有关人员讲，从未听说也没见过会发声的花草，对戴家这一奇事尚无法解释。

 ## "风流草"

在菲律宾、印度、越南以及我国云贵高原、四川、福建、台湾等地的丘陵山地中，生长着一种能翩翩起舞的植物，人们叫它"风流草"。

风流草

名曰"草"，实际上它是一种落叶小灌木。它一般高15厘米，茎圆柱状，复叶互生。它的叶子由三枚小叶组成，中间一叶较大，呈椭圆形或披针形状，两边侧叶较小，呈矩形或线形。

风流草对阳光非常敏感，一经太阳照射，两枚侧小叶会自动地慢慢向上收拢，然后迅速下垂，不停地画着椭圆曲线，不倦地来回旋转。

这种有节奏的动作就像舞蹈家舒展玉臂，翩翩起舞。风流草跳起"阳光下的舞蹈"真是不知疲倦，傍晚时分它才停息下来。有趣的是，一天中阳光愈烈的时候，它旋转的速度也愈快，一分钟里能重复好几次。

你知道吗？

风流草的传说

据传说，古时候西双版纳有一位美丽善良的傣族农家少女，名叫多依，她天生酷爱舞蹈，且舞技超群，出神入化。天长日久，多依名声渐起，声名远扬。后来，一个可恶的大土司将多依强抢到他家，以死相抗，跳进澜沧江，自溺而亡。后来，多依的坟上就长出了一种漂亮的小草，每当音乐响起，它便和节而舞，人们都称之为"跳舞草"，并视之为多依的化身。

风流草有一分支叫"圆叶舞草"，它的特征是顶部生卵形或圆形小叶，跳起舞来舞姿更轻盈。风流草何以起舞，植物学家普遍认为与阳光有关，有光则舞，无光则息，就像向日葵冲着太阳转动头茎一样。

更加深入地研究之后，就产生了各种分歧。有人认为是植物体内微弱电流的强度与方向的变化引起的；有人认为是植物细胞的生长速度变化所致；也有人认为是生物的一种适应性，它跳舞时，可躲避一些愚蠢的昆虫的侵害；再就是生长在热带，两枚小叶一转，可躲避酷热，以储存体内水分。

风流草究竟为何昼转夜停，仍存在着很多疑问，要解开这个谜还需植物学家们继续深入探索。